LE CHAOS CLIMATIQUE
N'EST PAS UNE FATALITÉ

JEAN-FRANÇOIS RIAL   MATTHIEU BELLOIR

avec Muriel de Rengervé

LE CHAOS CLIMATIQUE N'EST PAS UNE FATALITÉ

Préface de François Gemenne
Coauteur du 6e rapport du GIEC

l'Archipel

Les bénéfices de la vente de cet ouvrage seront reversés à l'association A Tree for you.

Illustrations Elliot Beaumont

Notre catalogue est consultable à l'adresse suivante :
www.editionsarchipel.com

Éditions de l'Archipel
92, avenue de France
75013 Paris

Contact : serviceclients@lisez.com

ISBN 978-2-8098-5178-6

À nos enfants et beaux-enfants,
Arthur, Bianca, Carla, Faustine, Jane,
Maya, Romy-Jane, Tom et Victor.

Préface

La neutralité carbone constitue le point d'équilibre entre les quantités de gaz à effet de serre que nous envoyons dans l'atmosphère sur une période donnée et celles que la Terre est capable d'absorber au cours de cette période, *via* les puits de carbone, au premier rang desquels on trouve les forêts et les océans. Et tant que nous n'aurons pas atteint la neutralité carbone, les températures continueront à augmenter, parce que ces températures dépendent de la concentration de gaz à effet de serre dans l'atmosphère.

Pour atteindre au plus vite la neutralité carbone et stabiliser les températures, il importe donc de jouer sur deux tableaux : décarboner autant que possible et aussi rapidement que possible nos économies, mais également augmenter la capacité d'absorption des puits de carbone. Sur le premier tableau, nous progressons, quoique nos progrès restent insuffisants. En 2023, les émissions de gaz à effet de serre ont diminué de 4,5 %

dans les pays de l'OCDE. Cette baisse est encourageante, mais elle reste compensée par la hausse des émissions dans les économies émergentes et en développement. À l'heure d'écrire ces lignes, le pic mondial des émissions de gaz à effet de serre n'a pas encore été atteint, et la poursuite des politiques de décarbonation engagées pour le moment emporte le monde vers un réchauffement de la température moyenne mondiale de 3,1 °C d'ici 2100 – une trajectoire qui s'est considérablement infléchie depuis la signature de l'Accord de Paris, mais qui reste loin de l'objectif de 2 °C. En France, les émissions ont baissé de 4,7 % en 2023 : là encore, c'est un chiffre encourageant, mais qui reste insuffisant : quiconque a déjà couru un marathon – ce n'est pas mon cas – sait que les premiers kilomètres sont plus faciles à courir que les derniers.

Si les progrès sont réels, quoique insuffisants, pour ce qui concerne le premier tableau, on ne peut en dire autant du second : la capacité d'absorption des puits de carbone forestiers se réduit d'année en année. Or, l'ensemble des puits de carbone absorbent environ la moitié des émissions de gaz à effet de serre que nous émettons chaque année – c'est pour cela qu'il faut diviser par deux les émissions mondiales si nous voulons atteindre la neutralité carbone. Si la capacité d'absorption des océans reste relativement stable, mais au prix d'une acidification accrue, ce n'est pas le cas des forêts : le Haut Conseil pour le climat estime que la capacité d'absorption des forêts françaises a été divisée par deux au cours des dix dernières années, notamment parce que les forêts souffrent des impacts du changement climatique, en particulier des sécheresses et des incendies.

Or, quand on parle de neutralité carbone, on se concentre souvent sur le premier terme de l'équation – la décarbonation – et on évoque plus rarement le second – l'absorption des gaz à effet de serre présents dans l'atmosphère. C'est le parti pris de ce petit livre, qui pourra volontiers paraître iconoclaste, tant ce sujet reste peu abordé dans le débat public. Or, en même temps qu'il faut accélérer la décarbonation de nos économies, il faut également ralentir le changement climatique. Car nous sommes engagés dans une course contre le temps : chaque année les impacts du changement climatique sont plus coûteux, non seulement en termes de pertes financières, mais surtout en termes de pertes de vies humaines.

La question du ralentissement du changement climatique, pourtant, apparaît volontiers comme une utopie, voire comme un prétexte pour éviter de décarboner nos économies. En réponse à la première objection, Jean-François Rial et Matthieu Belloir formulent ici des propositions concrètes pour reboiser la planète à grande échelle, et donc augmenter considérablement la quantité de dioxyde de carbone qui pourrait être absorbée au moyen de la photosynthèse. L'ouvrage a le grand mérite de ne pas présenter le reboisement comme la solution ultime au changement climatique, mais comme une stratégie qui nous permettrait de gagner du temps, avec ses opportunités et ses limites.

Reste la seconde objection : vouloir ralentir le changement climatique, n'est-ce pas aussi un prétexte pour éviter de réduire davantage nos émissions de gaz à effet de serre ? Je comprends qu'on puisse se poser la question, et elle est évidemment légitime. N'est-il pas paradoxal de chercher à gagner du temps alors que nous devons accélérer la transition ? Je pense qu'on aurait tort d'opposer ici l'accélération de la décarbonation de nos économies au ralentissement du changement climatique. L'urgence climatique, aujourd'hui, est telle qu'il faut mettre tous les fers au feu, et déployer toutes les solutions possibles. Aucune ne doit se substituer à une autre et toutes doivent se compléter. Il faut pouvoir le dire clairement : sans renforcement des puits de carbone, il sera impossible d'atteindre la neutralité carbone. Le reboisement massif de la planète est un moyen efficace de renforcer les puits de carbone forestiers. Il ne s'oppose à aucune politique de lutte contre les émissions de gaz à effet de serre, à commencer par la lutte contre la déforestation.

François Gemenne
Professeur à HEC Paris
Chercheur FNRS à l'Université de Liège
Président du Conseil scientifique de la FNH
Coauteur du 6e rapport du GIEC

Introduction

Le dérèglement climatique met l'humanité en péril. Les risques pour l'avenir de l'homme sont considérables du fait des conséquences en chaîne que ce dérèglement génère, en particulier la destruction de la biodiversité. Nous ne reviendrons pas sur ce postulat, largement démontré depuis de nombreuses années.

Croire que nous allons pouvoir nous adapter à ce changement sans réduire au maximum les émissions excessives de gaz à effet de serre issues de l'activité humaine est une vue de l'esprit. Nous adhérons pleinement à la thèse du GIEC qui recommande de lutter contre une hausse du réchauffement climatique au-delà de 2 °C par rapport aux niveaux préindustriels, tant qu'il en est encore temps. Dans ce combat, la question du temps est centrale.

Trop souvent, les objectifs climatiques que se fixent chaque année l'ensemble des pays de la planète lors de la grand-messe des COP dérapent. En 2023, les émissions de CO_2 étaient toujours en croissance de plus de 1 % par rapport à 2022, année qui avait déjà atteint un niveau record.

Certes, l'augmentation de nos émissions baisse et nous arriverons même probablement assez vite à les diminuer. Nous allons très prochainement parvenir à un pic de ces émissions mais croire qu'on va pouvoir les baisser, par exemple de 4 % par an d'ici 2030, comme le suggère le GIEC dans son scénario +2 °C – l'équivalent de la période Covid –, est un pari audacieux.

Une solution existe, pourtant. Elle consiste à gagner du temps.

Gagner le temps nécessaire à la transition technologique qui permettra de produire massivement l'énergie non carbonée qui se substituera aux énergies fossiles. Si le développement de technologies vertes est chronophage, assurer leur adoption et massifier leurs usages l'est davantage. Il nous faut aussi gagner le temps nécessaire à cette transition sociale profonde que constituent l'acceptation et l'adaptation de nos modes de vie actuels à de nouveaux modèles de société compatibles avec les ressources de la planète. Chaque pan de notre quotidien est appelé à être transformé : l'alimentation, le logement, l'habillement, le transport, le travail… mais chacun d'eux ne pourra l'être que progressivement.

Pour cela, il faut « acheter » du temps. Beaucoup de temps. Sans doute une trentaine d'années, environ une génération. Comment ? En absorbant massivement du carbone. Les solutions sont connues : l'absorption par les sols, les arbres, la captation technologique… À ce jour, la solution la plus crédible, techniquement réalisable à grande échelle, capable de capter et stocker massivement du CO_2 consiste à planter des arbres dans des zones qui n'absorbent pas déjà du carbone. C'est la seule issue.

Nous plaidons donc en faveur de l'idée d'une plantation d'arbres à grande échelle dans le monde pendant dix ans. Il en résultera un stockage additionnel de carbone, qui permettra de ralentir d'un tiers ce que devrait être le rythme initial nécessaire mais ambitieux de réduction des émissions pendant vingt-cinq ans. À partir de 2050, les progrès technologiques et les changements de comportement permettront d'accélérer cette baisse. Cet ajustement de l'agenda rendra alors atteignable l'objectif de neutralité carbone en 2075 recommandé par le GIEC.

Chaque jour nous rappelle que la transition écologique demande du temps, et le décalage avec les trajectoires théoriques proposées par les scientifiques s'accentue. Nous sommes convaincus que, pour réussir cette transition, il est plus réaliste de réduire les émissions plus rapidement, mais plus tard, plutôt que de viser une baisse rapide et massive dès aujourd'hui.

C'est à ce prix que nous pourrons espérer échapper à l'apocalypse climatique.

Telle est la thèse à laquelle nous croyons et que nous allons démontrer dans cet ouvrage. Une première partie permettra d'établir que le seul moyen de dépasser l'inertie de la transition est d'adapter les étapes de cette transition, c'est-à-dire en somme de rendre l'urgence climatique compatible avec le rythme de transformation possible de nos modes de vie. Ce réaménagement des prochains jalons de la transition, sans renoncer aux ambitions ni compromettre les objectifs de décarbonation, est non seulement souhaitable, mais également réalisable grâce à une solution : absorber massivement du CO_2, stocker du carbone, par la forestation.

Nous examinerons ensuite dans une seconde partie deux exemples emblématiques : l'agriculture et l'aviation. Ces deux secteurs sont pareillement incapables, mais pour des raisons différentes, de réduire leurs émissions de CO_2 au bon rythme, et ils produiront toujours des émissions résiduelles. On ne pourra pas décarboner intégralement l'aviation avant plusieurs décennies, et l'agriculture peut-être jamais. Pourtant, ces activités sont fondamentales pour l'être humain et doivent pouvoir continuer à exister. En stockant davantage de carbone, on peut espérer à la fois gagner du temps et mettre ce temps à profit pour décarboner, autant que faire se peut, l'agriculture et l'aviation.

Des solutions existent pour sécuriser, atteindre les objectifs du GIEC et éviter la catastrophe majeure du réchauffement climatique. Nous allons développer celle qui nous semble la plus réaliste à ce jour.

Et si vous avez une meilleure idée, n'hésitez pas à l'exposer sur la plateforme de discussion www.jaiunemeilleureidee.com, nous serons ravis d'en débattre avec vous.

Première partie

VAINCRE L'INERTIE DE LA TRANSITION

En Europe, de nombreux chefs d'État et de gouvernement militent actuellement pour une « pause réglementaire dans la mise en œuvre des mesures de décarbonation dont ils redoutent les conséquences économiques et sociales », rappelait un article du *Monde*[1]. Aux réticences connues de certains pays de l'Est dont l'énergie reste largement carbonée, s'ajoute la frilosité croissante de nombreux États comme la Belgique, la Suède, l'Autriche, la Finlande, l'Irlande ou encore l'Italie. Des débats et des renoncements se font jour en Allemagne, en Espagne et en France. Au total, une bonne moitié de l'Union européenne appelle à un aménagement du calendrier annoncé des prochaines étapes de la transition écologique.

---

1. Voir www.lemonde.fr/international/article/2023/09/29/en-europe-la-mecanique-du-green-deal-se-grippe_6191520_3210.html.

La question clé est que, précisément, le temps de la transition nous est compté. Les effets des émissions de gaz à effet de serre sur le climat menacent plus que jamais de causer de grands bouleversements économiques, sanitaires et sociaux.

Il s'agit alors de déterminer si les pressions politiques et sociales sont compatibles avec l'agenda actuel de la transition. Et si la solution résidait en effet dans une réadaptation de cet agenda ?

Oui, nous pensons qu'il est possible de réaménager les prochains jalons de la transition, sans renoncer aux objectifs finaux de décarbonation, ni même les retarder.

Comment ? C'est ce que nous allons démontrer.

I

Se donner du temps

Carbone 1, planète 0

En 2023, les émissions de CO_2 ont atteint un nouveau niveau record de 41 milliards de tonnes, incluant les changements d'affectation des terres, comme la déforestation, en hausse de près d'1,1 % par rapport à 2022. Combien de rendez-vous avec la lutte contre le dérèglement climatique faudra-t-il encore manquer pour qu'on s'engage enfin sur des voies réalistes permettant d'espérer limiter l'augmentation de la température de la planète à moins de 2 °C d'ici la fin du siècle ?

La prise de conscience mondiale est pourtant une réalité et de nouvelles dynamiques écologiques vertueuses se mettent en place. Par leurs engagements et les premiers plans d'action, les États et les entreprises esquissent une diminution de notre dépendance aux énergies fossiles, mais force est de constater que le compte n'y est pas. Le compte n'y est pas, parce que le rythme n'est pas le bon.

Or le climat n'attend pas. Chaque jalon manqué nous éloigne un peu plus irrémédiablement de l'indispensable atteinte de la neutralité carbone.

L'inertie de la transition n'est pas une fatalité

À rebours de ceux qui semblent avoir baissé les bras et nous préparent à une augmentation de 4 °C dans quelques décennies, nous sommes convaincus que notre difficulté à réduire nos émissions au bon rythme n'est pas une fatalité et qu'il est possible de vaincre l'inertie de la transition.

Bien entendu, dans tous les scénarios, il reste indispensable de poursuivre et d'accélérer les efforts de réduction d'émissions de CO_2, mais on voit bien que cela ne suffit pas. Et si l'attentisme planétaire n'était finalement qu'une question d'agenda ? Manifestement, le rythme de nos sociétés ne bat pas à l'unisson avec celui de l'urgence climatique. L'avènement de la transition exige en effet du temps. Le temps nécessaire à la transition technologique, celui qui permettra par exemple de développer la captation technologique ou les carburants de synthèse, mais aussi le temps de la transition sociale grâce à laquelle seront adoptés de nouveaux modèles de société, moins dépendants des énergies fossiles et radicalement différents des modes de vie actuels.

Pour gagner ce temps dont la pénurie saborde le respect des trajectoires nécessaires de décarbonation, nous soutenons l'idée de développer massivement et dès à présent de nouveaux puits de carbone. En multipliant les solutions de captation et de stockage naturels, on peut espérer se donner le temps de l'innovation technologique et de l'acceptation sociale. Deux conditions sans lesquelles la transition ne se réalisera pas dans des délais compatibles avec les exigences de lutte contre le dérèglement climatique.

Pour démontrer la pertinence de la piste que nous avons explorée, il n'est pas inutile de rappeler le contexte dans lequel elle s'inscrit, avant de partager l'analyse des freins qui font du temps une question centrale en matière climatique et d'évoquer les travaux de recherche sur lesquels nous nous appuyons pour proposer une voie réaliste, qui permettrait de limiter le réchauffement de la planète au rythme requis.

« Notre maison brûle et nous regardons ailleurs »

C'est par cette phrase que Jacques Chirac[1] ouvrait le IVe sommet de la Terre en 2002. Vingt ans plus tard, les flammes sont toujours plus vives, mais l'incendie mobilise peu. Ou en tout cas, pas assez. Certes, la question de l'urgence climatique est désormais dans

---

1. La phrase est de Jean-Paul Deléage, historien des sciences de l'environnement: https://reporterre.net/Jacques-Chirac-l-histoire-de-sa-phrase-culte-Notre-maison-brule-et-nous-regardons-ailleurs.

toutes les têtes, mais elle tarde à se traduire en actes. En 2024, le GIEC rapporte que de nouveaux records d'émissions de gaz à effet de serre ont été atteints, accompagnés d'anomalies de température sans précédent, avec une hausse de 1,43 °C en 2023 par rapport à la seconde moitié du XIXe siècle. Comme toujours, la combustion des énergies fossiles et les cimenteries font la course en tête, le reste étant principalement dû à la déforestation[1] et à la dégradation des sols.

Aujourd'hui, on constate que le cumul des nécessaires transitions écologique, économique et sociale génère une puissante inertie qui entrave la lutte contre le dérèglement climatique.

Pourtant, on sait ce qu'il faut faire pour limiter le réchauffement de la planète à moins de 2 °C par rapport au début de l'ère industrielle (1850)[2] : baisser nos émissions de gaz à effet de serre de 22 %[3] d'ici

---

1. Source : Carbon Global Project, un consortium de plus de 100 scientifiques issus de 80 laboratoires internationaux travaillant sur le cycle du carbone. Voir www.globalcarbonatlas.org/fr/CO2-emissions.

2. Nous n'avons pas travaillé à ce stade sur des scénarios visant une limitation de l'augmentation de la température de la planète à 1,5 °C dont la faisabilité est devenue aujourd'hui plutôt théorique comme le rappelait déjà l'appel de 1 000 scientifiques en 2022 – https://rebellionscientifiques.wordpress.com/home/ – et d'autre part, parce que les trajectoires de baisse des émissions proposées dans le dernier rapport du GIEC, y compris sur un scénario 2 °C, restent très ambitieuses, comme on le verra plus loin.

3. IPCC_AR6_SYR_SPM.pdf, p. 22.

à 2030. Soit une baisse annuelle comprise entre 4 et 5 %, chaque année jusqu'à 2030[1].

La *roadmap* est claire, mais sa mise en œuvre patine. Selon l'ONU, la somme des engagements des 195 États parties à l'Accord de Paris est largement insuffisante. « Pour les scénarios imaginés, la meilleure estimation est qu'un niveau de réchauffement de 1,5 ° sera atteint au début des années 2030[2] », twittait en mars 2023 la climatologue Valérie Masson-Delmotte, présidente d'un des groupes de travail du GIEC.

Recherche transitions désespérément

Si l'on n'arrive pas à diminuer nos émissions au rythme souhaité, malgré les alertes toujours plus inquiétantes, on peut formuler l'hypothèse que nous achoppons sur notre capacité à changer drastiquement de modèle de société comme le commande pourtant l'urgence climatique.

Pour atteindre la neutralité carbone en temps voulu, il faut évidemment accélérer la baisse de nos émissions, notamment par la baisse de nos consommations d'énergies fossiles et le développement des énergies décarbonées. C'est indispensable, mais pas suffisant.

---

1. Source : https://planete.lesechos.fr/enquetes/reduire-lemission-des-gaz-a-effet-de-serre-trajectoires-enjeux-et-solutions-7163/.
2. https://twitter.com/valmasdel/status/1639312344328155139?s=48&t=XrTdAXnipIOkLnCjUuTUKg.

C'est pourquoi, pour respecter l'agenda de la science, on pourrait imaginer, parallèlement à ces efforts incontournables, d'accélérer et de développer massivement des solutions de stockage de CO_2. Cette solution aurait deux avantages. D'une part, elle permettrait de disposer du temps nécessaire au développement de solutions technologiques non émettrices de CO_2. D'autre part, il deviendrait possible de laisser le temps aux générations actuelles et futures de s'acclimater – si l'on peut dire – à un nouveau modèle de société, moins dépendant des combustibles carbonés.

Le vrai défi est peut-être celui-ci : trouver le temps nécessaire à la transition technologique et à la transition sociétale. Or, pour que les transitions se réalisent, il faut a minima que le changement soit possible et souhaitable.

Le temps de la transition culturelle

L'ère industrielle s'est largement nourrie de combustibles fossiles. Elle a stimulé le développement économique comme jamais auparavant et, il faut le reconnaître, cette période aura aussi été porteuse d'améliorations conséquentes pour une large partie de l'humanité.

L'accroissement du capital humain et le progrès technique ont permis d'augmenter considérablement la production et la disponibilité de biens de consommation. L'ère industrielle a stimulé la croissance économique en permettant aux entreprises de produire et de vendre des biens abondants à un coût plus abordable. Les avancées technologiques ont amélioré la qualité de vie en permettant une production plus efficace, une distribution plus large de produits, et en fournissant des emplois à un grand nombre de personnes. Notre époque a aussi vu le développement de nouveaux modes de transport tels que les trains, les navires à vapeur et les automobiles, qui ont facilité les déplacements et le commerce à l'échelle nationale et internationale. Cette dynamique a entraîné une migration massive de la population rurale vers les villes, où les emplois industriels étaient plus nombreux. Cela a également stimulé le développement urbain et la croissance des villes.

Naturellement, cet essor a un coût, et c'est à la nature qu'on a présenté la facture. Le développement industriel a épuisé notre écosystème. La température de la planète a crû de près de 1,5 degré depuis 1850 et le niveau de la mer a monté de 9 cm en moins de trente ans[1]. La pollution atteint des sommets. La quasi-totalité de la population mondiale (99 %) respire un air dont la qualité contrevient aux limites recommandées par l'OMS[2]. Avec 7 millions de morts par an, la pollution de l'air est l'une des toutes premières causes de mortalité prématurée dans le monde.

1. Voir www.statistiques.developpement-durable.gouv.fr/chiffres-cles-du-climat-france-europe-et-monde-edition-2022.
2. Voir www.who.int/fr/health-topics/air-pollution#tab=tab_1.

Malgré ce bilan contrasté, pour la plupart des personnes qui ont tiré profit de cet âge d'or du développement, changer de modèle de société relève plus du sacrifice que du bénéfice. La transition dépasse les enjeux technologiques, financiers et technocratiques : elle requiert un changement profond de la société. Ce n'est pas parce que nous voulons tous que les choses changent que le mouvement aura lieu.

L'économiste Gaël Giraud a mis en évidence depuis longtemps les ressorts de cette inaction et de ce déni[1]. Une des principales explications, a-t-il montré, réside dans le fonctionnement de nos économies industrielles. Il est très difficile pour une entreprise de fournir des efforts et de basculer vers un modèle de production vert si elle est la seule à franchir le pas et si ses concurrents ne font pas de même, puisqu'ils auront nécessairement un avantage temporaire capable de mettre à mal cette industrie vertueuse. « Tant que nous continuerons de régir les relations entre entreprises par la concurrence, il y aura une prime au vice, à l'industrie brune. » Le même phénomène se produit dans le secteur bancaire. Il faudrait différencier les exigences en capital des banques selon que leurs actifs sont verts ou bruns. On pourrait ainsi mettre en place un *green supporting factor*, c'est-à-dire accorder un bonus en termes d'exigence de capitaux de fonds propres aux

1. Gaël Giraud, « Une partie des élites est atteinte du syndrome du *Titanic* », *Socialter*, 15 juin 2022. Voir www.socialter.fr/article/gael-giraud-elites-syndrome-titanic.

banques qui accordent des crédits verts et un malus à celles qui accordent des crédits bruns. Si aucun critère ne différencie les exigences en capital des banques selon que les actifs sont verts ou bruns, si rien ne vient pondérer, c'est-à-dire récompenser la prise en compte des risques environnementaux dans le calcul des fonds propres des banques, alors il est très difficile pour une banque de ne financer que le vert.

Le politologue François Gemenne a également réfléchi à la manière dont les élus réagissent, ou non, face au défi climatique[1]. Il voit un levier d'action dans la manière dont doit être présentée la transition, « non pas comme une contrainte, mais comme un projet pour le territoire et pour l'action publique », c'est-à-dire en évoquant les « intérêts » des populations, les « bénéfices » que chacun pourrait tirer de l'action en matière climatique : « L'action climatique est largement vue comme une contrainte qu'on devrait s'imposer, on en parle toujours en insistant sur les risques qui sont liés à l'inaction. On espère déclencher l'action en agitant la peur de la catastrophe, alors que ce qui nous motive véritablement à agir, ce sont nos intérêts. »

On le voit, rendre l'enjeu climatique plus tangible et compréhensible favorise les changements de comportement. Par exemple, l'association Potential

1. Voir https://mgh-partners.com/2024/06/24/francois-gemenne-en-2023-27-millions-de-deplacements-etaient-lies-aux-catastrophes-climatiques/.

Energy[1] a démontré que le fait de parler du CO_2 comme d'une épaisse couverture qui enveloppe la Terre et nous emprisonne dans une chaleur étouffante rend le sujet plus parlant. De même, adopter un système d'étiquetage carbone, sur le modèle du label Nutri-Score, rend les émissions de CO_2 plus visibles, ce qui peut éclairer les choix des individus et des entreprises, et dès lors les amener à modifier leurs comportements de consommation[2].

Tout cela doit nous amener à prendre conscience d'une évidence, peut-être trop vite oubliée : la réalité est différente des analyses économiques et des modèles prédictifs. Les individus, consommateurs, usagers, ne sont pas des agents qui optimisent de manière rationnelle des ressources rares. On mesure, c'est-à-dire qu'on prévoit à peu près l'effet d'un ajustement de prix (une taxe sur le carbone, par exemple) ou d'une contrainte imposée à une technologie polluante (une restriction de circulation pour les voitures dont les moteurs sont trop polluants, ou la fin de la vente de véhicules à moteur thermique), sur les comportements des consommateurs. Mais en fait, les choix des individus résultent de perceptions parfois fausses, d'occasions saisies ou manquées, de contraintes imposées par les décisions d'autres acteurs, d'habitudes, etc.

1. Voir https://potentialenergycoalition.org/wp-content/uploads/2024/01/Talk-Like-a-Human.pdf.
2. Voir www.nature.com/articles/s41558-021-01271-8.

Ainsi, la transition écologique apparaît, par la profondeur des changements qu'elle nécessite, aussi considérable que la révolution copernicienne : il faut tout changer, de fond en comble. Changer de modèle signifie remettre en question de nombreux dividendes de l'ère industrielle, et en premier lieu nos habitudes de consommation, notre alimentation, nos déplacements, notre logement, notre habillement ou encore nos loisirs…

En ce sens, une étude avait montré aux États-Unis il y a une quinzaine d'années déjà que les changements produits à l'échelle des ménages pouvaient fortement et rapidement réduire les émissions de carbone, bien avant que les effets des politiques à long terme puissent se faire sentir, telles que la diffusion d'énergies décarbonées ou la réduction mondiale des émissions[1]. Dix-sept types d'actions simples ont ainsi été identifiés, dont la mise en œuvre nécessiterait des politiques publiques rapides et des campagnes de communication pour en convaincre les ménages. Leur mise en œuvre pourrait permettre de réduire de 20 % les émissions directes des ménages, plus de 7 % de toutes les émissions du pays : diminuer la température de lavage du linge et le sécher à l'air libre, utiliser un système complet combinant le chauffage, la ventilation et la climatisation (CVC), mieux régler la climatisation, séchage naturel du linge, remplacer le chauffe-eau par un modèle plus performant sur le plan

1. Voir www.pnas.org/doi/full/10.1073/pnas.0908738106.

énergétique et réduire sa température, entretenir régulièrement sa voiture, adapter sa manière de conduire, choisir des pneus à faible résistance au roulement, pratiquer le covoiturage... On comprend bien qu'il faut du temps pour que les populations adoptent de nouvelles manières de consommer, qui sont aussi de nouveaux modes de vie.

Dans ce contexte, il faut reconnaître qu'afficher le renoncement comme principal horizon n'est pas un projet de société fédérateur à court terme ! Bâtir une autre vision de la société exige du temps. Il appartient aux générations actuelles et futures, non pas de renoncer aux progrès, mais d'imaginer de nouveaux modèles de société plus sobres en énergies fossiles. La mue nécessaire n'est pas impossible, mais elle suppose un profond changement de mentalités, qui relève de la culture. Or, chacun le sait, façonner une culture demande du temps. Du temps pour émerger et du temps pour s'imposer. Combien ? Une réponse précise serait hasardeuse mais il n'est pas excessif de parler d'une trentaine d'années. Pour le dire clairement, nous avons besoin du temps d'une génération.

Ce laps de temps est indispensable pour que les nouvelles idées s'ancrent dans les esprits et que les comportements évoluent durablement. Par exemple, la transition vers des sources d'énergie renouvelables nécessite non seulement des avancées technologiques, mais aussi une acceptation sociale et une adaptation des infrastructures existantes. Le développement de parcs éoliens ou solaires implique des investissements à long terme et une formation spécialisée des travailleurs.

Comme on le verra dans la seconde partie de ce livre, dans le domaine de l'agriculture, passer à des pratiques plus durables comme l'agroécologie demande de repenser entièrement les méthodes de production. Cela inclut notamment la formation des agriculteurs aux techniques respectueuses de l'environnement, la sensibilisation des consommateurs aux produits de saison et locaux, et la mise en place de circuits de distribution alternatifs.

L'éducation joue également un rôle clé. Intégrer dès le plus jeune âge des notions de développement durable et de responsabilité écologique dans les programmes scolaires peut influencer positivement les générations futures. Des pays comme la Suède ont déjà mis en place des cursus éducatifs axés sur l'environnement, ce qui a conduit à une population plus consciente et engagée sur ces questions.

Les politiques publiques doivent, à leur tour, soutenir ces évolutions en adoptant des législations favorables. La mise en œuvre de taxes sur le carbone, le subventionnement des énergies propres, ou encore l'incitation à la mobilité douce sont autant de mesures qui peuvent accélérer le changement. L'exemple de la Norvège, qui encourage fortement l'utilisation de véhicules électriques grâce à des avantages fiscaux, montre qu'une volonté politique peut influencer rapidement les habitudes de consommation.

En somme, pour opérer cette transformation profonde, il faut du temps pour que les mentalités évoluent, que les infrastructures se développent et que les pratiques se généralisent. Une génération semble être un délai réaliste pour voir s'installer durablement de nouveaux modèles de société plus sobres en énergies fossiles. C'est un investissement sur le long terme qui nécessite l'engagement de tous les acteurs de la société, des citoyens aux gouvernements, en passant par les entreprises et les institutions éducatives.

Le temps de la transition technologique

Imaginer que nous consommerons moins d'énergie à l'avenir est peu vraisemblable. Si l'on prend en compte le développement démographique, ainsi que l'aspiration légitime des populations de pays à faibles revenus à un niveau de vie plus élevé, on comprend que ces deux phénomènes cumulés se traduiront fatalement par une croissance de la demande énergétique.

Par ailleurs, on a constaté dans le passé que des gains d'efficacité énergétique ne suffisent pas toujours à freiner la croissance de la consommation finale d'énergie, car il arrive que l'amélioration soit absorbée par un effet rebond des usages.

Nous pensons toutefois que l'accroissement des émissions n'est pas une fatalité.

En complément des efforts de baisse des émissions, le développement des énergies décarbonées devrait entraîner une baisse du coût de production de l'électricité, une amélioration de la santé publique et la création de nouveaux emplois. Un avènement qui nourrit la promesse d'un environnement plus sain, d'une économie dynamique axée sur le développement durable et d'une société résiliente face aux changements climatiques.

En attendant, il convient d'admettre que tout changement de société prend du temps. La transition technologique a elle aussi besoin de délais incompressibles avant de pouvoir offrir de solides relais. Il faut plus de quinze ans pour mettre en service une centrale nucléaire. Ainsi, dans son rapport sur l'avenir de l'électricité en France, « Futurs énergétiques 2050[1] », RTE proposait trois scénarios avec de nouveaux réacteurs nucléaires, et prévoyait la construction de six nouveaux réacteurs de technologie EPR2 et leur première mise en service au plus tard en 2035. Mais aujourd'hui, le calendrier sur lequel travaille le gouvernement reporte à l'horizon 2040 la construction de réacteurs nucléaires en France[2].

---

1. RTE, « Futurs énergétiques 2050 : les scénarios de mix de production à l'étude permettant d'atteindre la neutralité carbone à l'horizon 2050 », www.rte-france.com/analyses-tendances-et-prospectives/bilan-previsionnel-2050-futurs-energetiques, page 150.
2. « Travaux relatifs au nouveau nucléaire PPE 2019 – 2028 ». Voir www.ecologie.gouv.fr/sites/default/files/documents/2022.02.18_Rapport_nucleaire.pdf, page 21.

Quinze ans et plus, c'est aussi le temps qu'il faut pour construire un barrage ou créer une filière industrielle d'hydrogène vert…

Il existe aujourd'hui des solutions de captation technologiques, mais elles sont encore embryonnaires par rapport à nos besoins (*cf. infra* l'encadré « La captation carbone, terreau d'innovation »). Il faut naturellement les soutenir et les mobiliser en complément de tout autre dispositif. Ces solutions ont d'ailleurs été encouragées par le GIEC dans son sixième rapport[1], avec aujourd'hui des réserves sur leur coût : « La mise en œuvre des solutions de captation de carbone se heurte actuellement à des obstacles technologiques, économiques, institutionnels, écologiques, environnementaux et socioculturels. » Le coût de la captation technologique reste élevé : selon les solutions utilisées, il peut atteindre jusqu'à 1 000 euros la tCO_2[2], soit dix fois plus que la tCO_2 sur le marché réglementé en février 2023. De plus, les rendements sont assez faibles et les projets peu nombreux. L'Agence internationale de l'énergie (AIE) estime son potentiel à moins de 1 Gt CO_2 stockée par an[3].

Aucune piste ne doit être négligée, mais il faut faire plus et plus vite. Est-ce possible ? Comment gagner le

1. Voir www.ipcc.ch/ar6-syr/.
2. Voir www.nature.com/articles/s41467-019-08824-8.
3. RSEDATANEWS, « Décarbonation et capture – stockage du CO_2 : un rôle "vital mais limité" du CCS », juillet 2022, www.rsedatanews.net/article/article-infra--territoires-durables-rso-decarbonation--le-role-du-ccs-vital-mais-limite-etc-20220712.

temps nécessaire à l'avènement de ces alternatives sans compromettre une trajectoire à moins de 2 degrés ?

La captation carbone, un terreau d'innovation

Comment capter et stocker le CO_2 ?

Plusieurs solutions technologiques existent actuellement pour capter et stocker le carbone (CCS, *Carbon Capture and Storage*). Par exemple, le captage post-combustion consiste à laver les fumées contenant du CO_2. Autre exemple, la bioénergie avec captage et stockage de dioxyde de carbone (BECSC) extrait de la biomasse, capture et stocke du carbone : il s'agit de planter des arbres à croissance rapide, puis de les brûler à maturité en récupérant le CO_2 pour le stocker dans le sol. Il existe encore le DACS (*Direct Air Capture and Storage*) qui peut par exemple permettre d'aspirer le CO_2 présent dans l'air ambiant pour l'injecter ensuite dans du basalte où il se transforme en pierre.

Le CO_2 et les océans

La recherche académique est active sur ce sujet. Par exemple, des chercheurs de l'université américaine Lehigh en Pennsylvanie ont récemment identifié un nouveau matériau dont la capacité de capture de carbone serait trois fois supérieure à celle des systèmes DAC actuels. Le dioxyde de carbone capturé pourrait être transformé en bicarbonate de soude et stocké sans

dommage écologique dans les océans. Mieux, le bicarbonate de sodium stimulerait l'activité biologique, capturerait davantage de CO_2 et inverserait l'acidification de l'océan[1].
Ces solutions diverses suscitent un intérêt certain auprès des industriels, même si l'efficacité et l'impact sur les océans restent encore à confirmer.

Le biochar, ou le couteau suisse de la décarbonation

Autre piste à explorer, le biochar, solution promue par exemple par NetZero[2], une start-up récompensée à de nombreuses reprises. Le biochar (pour bio-charcoal, sorte de charbon de bois biologique) résulte de la transformation par pyrolyse de matières organiques d'origines diverses comme des résidus agricoles, produisant une forme de carbone qui est enfouie dans le sol. Cela permet de stocker en toute sécurité le carbone hors de l'atmosphère pendant des centaines d'années. Le rendement des cultures s'en trouve amélioré et le biochar génère des crédits carbone volontaires, auxquels s'ajoute la production d'électricité renouvelable provenant de l'énergie excédentaire issue de la transformation des déchets végétaux. L'objectif annoncé est de capturer 2 millions de tCO_2 dès 2030.

1. Voir trustmyscience.com/aspirer-co2-air-stockage-ocean-changement-climatique/.
2. Voir https://netzero.green/.

Capture6, un nouveau procédé de captation de CO_2 qui répondrait aussi à la demande mondiale en eau

Développé dans le désert californien, le procédé Capture6 capte le carbone tout en dessalant l'eau de mer, activité dont l'impact environnemental est habituellement très lourd. Comment? « Son processus intègre une technologie de capture directe de l'air (DAC) aux installations de traitement de l'eau pour éliminer de manière permanente le CO_2 de l'air tout en récupérant l'eau douce des déchets de saumure salée des installations de traitement de l'eau[1]. »

1. Peggy Baron, « Un nouveau procédé de captation et de stockage du carbone suscite de l'espoir », 8 juillet 2024. https://www.ladn.eu/entreprises-innovantes/nouveau-procede-captation-stockage-carbone-eaux-usees/.

2

Planter pour ne pas se planter

À ce jour, il existe une solution crédible qui permettrait de suivre les trajectoires du GIEC, tout en conciliant le temps de la substitution technologique et celui de l'acceptation de nouveaux modes de vie : elle consisterait à développer massivement et sans délai le stockage du CO_2, gaz qui est responsable de 76 % des émissions de GES. Comment stocker du carbone ? Par les arbres : par une plantation massive et additionnelle d'arbres.

La capture du carbone atmosphérique par les arbres, via la photosynthèse, est en effet probablement l'une des stratégies les plus efficaces pour limiter la hausse des émissions de CO_2 dans le monde.

Elle est d'ailleurs évoquée par le GIEC dans le sixième rapport d'évaluation publié entre 2021 et 2023. Les scientifiques reconnaissent que la plantation d'arbres, par le biais de l'afforestation, c'est-à-dire la création de nouvelles forêts sur des terres non forestières et de la reforestation qui consiste à restaurer des forêts sur des terres dégradées, joue un rôle crucial dans l'atténuation du changement climatique en augmentant la séquestration du carbone atmosphérique pour emprisonner plusieurs centaines de gigatonnes de CO_2.

D'après une étude menée par l'équipe du Pr Tom Crowther de l'université suisse ETH Zurich, publiée en juillet 2019 dans la revue *Science* et mise à jour en août 2021, 900 millions d'hectares pourraient en théorie être boisés, en excluant les arbres existants, et sans toucher aux zones urbaines ou agricoles existantes et nécessaires à l'avenir. Additionnés aux forêts actuelles, ces arbres auraient la capacité de séquestrer 205 gigatonnes de carbone (ou 750 tonnes de CO_2), soit « un peu moins d'un tiers de toutes les émissions provenant des activités humaines qui restent dans l'atmosphère[1] ».

Les plantations pourraient être réalisées partout dans le monde, même si six grands pays concentrent à eux seuls la moitié des surfaces disponibles (Australie, Brésil, Canada, Chine, États-Unis et Russie).

Naturellement, il faudrait au moins quarante ans pour que les afforestations et reforestations envisagées délivrent leur plein effet, mais une forêt commence à

1. Voir www.science.org.

séquestrer du CO_2 dès les premières années. Autant de temps gagné pour faciliter les transitions.

Si les calculs de l'École polytechnique de Zurich ne font plus débat[1], le caractère opérationnel de la solution a été interrogé à juste titre : disponibilité des terrains, concurrence avec les terres agricoles et les prairies, type de végétaux plantés, coût de l'opération, agenda de la mobilisation des États, financements, pilotage, passage généralisé à une gestion durable du bassin forestier[2]… Les questions ne manquent pas, mais aucune d'elles ne semble insoluble, nous y reviendrons.

On pourrait donc s'appuyer sur l'étude pour élaborer un scénario certes plus modeste, mais aussi plus réaliste. « Si les gouvernements réagissent en stimulant les investissements dans les énergies propres et en plantant, et non en coupant des arbres, les émissions mondiales pourraient rapidement commencer à diminuer », confiait le climatologue Philippe Ciais[3].

---

1. *Cf.* les réponses aux commentaires de l'étude publiée dans la revue *Science*, « Response to Comments on "The global tree restoration potential" », www.science.org.
2. Les critiques ont été nombreuses. Par exemple, www.science.org/doi/10.1126/science.aaz0705.
3. Voir www.lexpress.fr/environnement/rechauffement-climatique-l-objectif-de-1-5-c-s-eloigne-encore-selon-une-nouvelle-etude_2183367.html.

Comment vaincre l'inertie de la transition ?

Dans un scénario 2 °C, le GIEC a modélisé une forte baisse des émissions de CO_2 entre les années 2025 et 2050. Cette trajectoire parfaitement fondée se heurte hélas aux réalités sociétales et technologiques, incapables de s'adapter au rythme attendu. Pour surmonter cette incompatibilité, nous suggérons de ralentir la réduction des émissions entre 2025 et 2050, pour les diminuer plus drastiquement entre 2050 et 2055. À partir de cette date, la trajectoire alternative que nous proposons rejoindra celle du scénario à 2 °C.

Sur la base de l'étude de Crowther, nous pensons qu'il est possible de contourner l'inertie de la transition en adaptant un autre rythme de baisse de nos émissions de CO_2. L'objectif final de neutralité carbone reste le même, son horizon est fixé à 2075 et seule la diminution des émissions est lissée différemment, sur cinquante ans.

Pour réaliser l'aménagement de ce nouvel agenda, nous retenons l'idée de développer massivement des plantations d'arbres dans les dix ans à venir. Ces forêts additionnelles créant une plus grande capacité de stockage du carbone, il sera possible de réduire nos émissions de CO_2 moins rapidement que le suggèrent les jalons scénarisés par le GIEC au cours des vingt-cinq prochaines années, à partir d'un pic que les scientifiques estimaient à 2025.

Concrètement, le scénario central que nous proposons consiste à baisser d'un tiers en volume les efforts de réduction des émissions proposés par le GIEC d'ici 2050. Naturellement, d'autres scénarios sont possibles, comme une baisse de 50 % des efforts demandés, nous y reviendrons.

En 2050, les émissions annuelles resteraient encore à 20 Gt CO_2 au lieu des 11 Gt CO_2 attendus. La capacité d'absorption des arbres, un gain d'environ quarante ans, apportera un temps précieux aux solutions alternatives à la production d'énergies polluantes et aux techniques de stockage du CO_2 pour parvenir à maturité et devenir des relais efficaces aux modes de production et de captation actuels : solaire, éolien, biomasse, hydrogène vert, géothermie, nouveaux programmes nucléaires, captation technologique, etc. L'avènement de ces solutions permettra d'accélérer la baisse des émissions autour de 2050 et de rejoindre les trajectoires calculées par le GIEC, pour atteindre la neutralité carbone vers 2075.

Le retard de baisse des émissions entre 2025 et 2050 (20 Gt CO_2 - 11 Gt CO_2 = 9 Gt CO_2) pourra être rattrapé à partir de 2050, année pivot, et jusqu'en 2055, grâce à un avènement progressif de la maturité technologique, associée à de nouveaux modes de vie plus sobres en énergie. Pour éviter d'avoir à réaliser une baisse brutale de 9 Gt CO_2 en un an à cette date, il serait possible de lisser cette diminution sur cinq ans, de 2050 à 2055, ce qui conduirait à réduire les émissions de 2 Gt CO_2 par an pour retrouver dès 2055 un rythme de diminution très raisonnable, équivalent à celui proposé par le GIEC, c'est-à-dire environ 1 % par an. Naturellement, si le pic était atteint après 2025, il faudrait convenir de baisser les émissions plus rapidement à partir de la nouvelle date du pic et/ou encore plus fortement autour de 2050.

Démonstration

Notre raisonnement repose sur des hypothèses de travail. Si les chiffres ci-dessous qui les sous-tendent devaient évoluer – ce qui n'est pas exclu, tant le consensus est incertain en la matière –, notre raisonnement resterait valide.

1. **Capacité d'absorption des arbres limitée à quarante ans**: Bien que cette capacité optimale puisse aller jusqu'à cinquante ans, voire plus, nous retenons une hypothèse basse pour tenir compte du risque de disparition prématurée par maladie ou déforestation, ainsi que de la variabilité de l'absorption selon l'âge et l'état des arbres et des forêts. En cas d'incendie, la perte de la forêt et du CO_2 stocké serait suffisamment limitée pour être compensée par l'absorption supplémentaire des arbres au-delà d'une période de quarante ans[1].
2. **Capacité moyenne d'absorption annuelle de 20 kg de CO_2 par arbre pendant les quarante premières années**: Cette simplification tient compte du fait que l'absorption est naturellement plus faible durant les premières années de croissance et augmente progressivement. Nous prenons également en compte les variations

1. Voir www.lemonde.fr/planete/article/2022/09/06/un-an-apres-les-gigantesques-incendies-en-australie-la-vegetation-avait-reabsorbe-la-totalite-des-emissions-de-carbone_6140454_3244.html.

de capacité d'absorption selon les espèces d'arbres et des types de forêts : tempérée, tropicale et boréale. On peut ajouter que, du fait du réchauffement climatique, une partie des forêts boréales deviendra tempérée. L'incidence n'est pas négligeable puisque la capacité de stockage d'un hectare de forêt tempérée est en moyenne plus du double de celle d'un hectare de forêt boréale[1].

3. **180 milliards d'arbres additionnels plantés en dix ans** : Cela représente 18 milliards d'arbres par an à partir de 2025, soit environ quatre fois plus que la quantité plantée en moyenne chaque année.

4. **Densité de plantation** : 1 000 arbres par hectare.

5. **Inertie climatique** : Dix ans (le décalage entre le moment où les émissions de CO_2 se produisent et l'apparition de leurs effets sur le climat, puis sur le réchauffement planétaire).

6. **Coût estimé** : Le coût retenu est de 3 $ par arbre, bien que les estimations varient en moyenne de 0,10 $ à 5 $ par arbre (l'étude de Zurich retenait une hypothèse de 0,25 $ par arbre), soit au total 540 milliards de dollars.

7. **Adaptabilité du modèle** : Si l'une ou plusieurs de ces hypothèses se révélaient différentes de la réalité, il suffirait d'augmenter ou de diminuer le nombre d'arbres à planter.

Partons de l'hypothèse utilisée par les travaux du GIEC, selon laquelle les émissions de gaz à effet de serre résultant des activités humaines atteindront un pic d'émissions

1. Source : Global Forest watch.

en 2025, estimé à 41 Gt CO_2 (un seuil déjà atteint en 2024 !). Pour éviter l'aggravation du dérèglement climatique, les scientifiques recommandent de parvenir au plus vite à la neutralité carbone. Celle-ci sera atteinte lorsque les émissions dites anthropiques, c'est-à-dire liées aux activités humaines, ne dépasseront pas les capacités d'absorption de notre écosystème.

La proposition que nous allons développer est fondée sur le scénario 2 °C du GIEC[1], selon lequel les 41 Gt CO_2 d'émissions anthropiques évoquées ci-dessus doivent baisser de 22 % d'ici 2030, de 51 % d'ici 2040 et de 73 % d'ici 2050 pour atteindre la quasi-neutralité carbone d'ici 2070 ou 2075, les émissions ayant diminué de 93 %.

Après un pic d'émissions en 2025, il faudrait, pour limiter le réchauffement planétaire en deçà de 2 °C, poursuivre la baisse des émissions à un rythme particulièrement soutenu, alors même que les émissions étaient toujours en croissance en 2023.

Selon les estimations théoriques[2] des équipes du Pr Crowther évoquées précédemment, la plantation de 900 millions d'hectares absorberait 205 GtC, soit 752 TCO_2.

---

1. Voir www.ipcc.ch/report/ar6/wg1/downloads/report/IPCC_AR6_WGI_SPM.pdf.

2. Il ne s'agit ni d'une étude normative, ni d'une prédiction, explique Claude Garcia, chercheur au Cirad, en poste à l'ETH et coauteur de l'étude. Avec ce travail de recherche, nous avons voulu explorer et définir la capacité globale de prise en charge du stockage de carbone par les arbres dans les limites physiques du système terrestre.

Pour s'inscrire dans une perspective de forestation réaliste, on pourrait envisager de limiter l'ambition à la plantation de 20 % de cette surface disponible, soit 180 millions d'hectares, ce qui aurait déjà pour effet d'absorber 33 % de l'effort global nécessaire dans la période 2025-2050. Rappelons que notre proposition consiste à diminuer d'un tiers la trajectoire de baisse des émissions proposée par le GIEC.

Scénarios de l'effort à fournir pour limiter l'augmentation de la température à +2° (objectif atteignable avec hypothèse -33° d'effort entre 2025 et 2050)

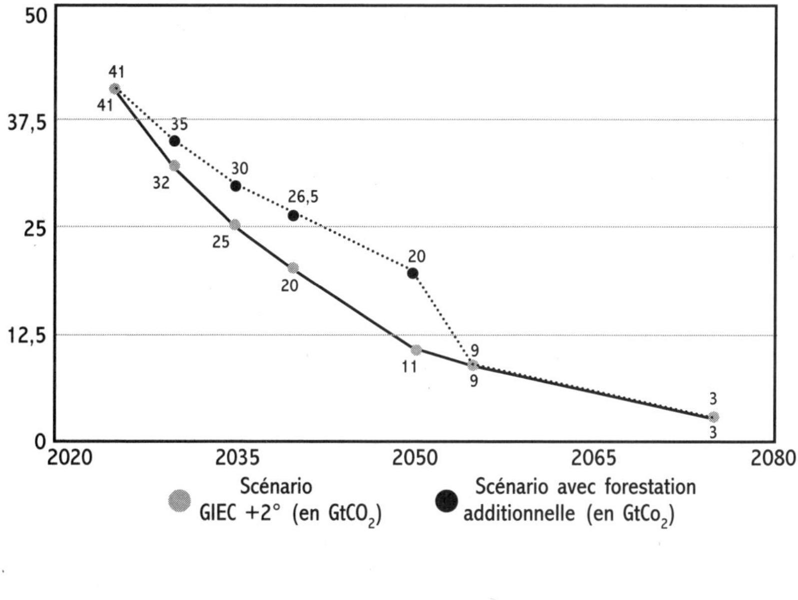

Pour bénéficier pleinement du surcroît d'absorption de carbone généré par une plantation massive et additionnelle d'arbres, il serait envisageable de réaliser les plantations sur une période de dix ans, en procédant par tranches annuelles de 10 % à partir de 2026.

L'avantage est significatif. En desserrant l'étau des jalons théoriques à suivre pour respecter une trajectoire 2 °C, on se donne le temps, difficilement compressible, de la transition et de l'adaptation à de nouveaux modèles de société. Les atermoiements politiques et réglementaires, comme récemment à propos de l'arrêt de la production des véhicules thermiques en 2035, illustrent clairement la nécessité de disposer de plus de temps pour instaurer des modes de développement durables, c'est-à-dire écologiquement responsables, économiquement viables et socialement acceptables.

Quels seraient les effets de plantations massives sur l'agenda de la transition écologique ?

Dans l'hypothèse visant à planter 20 % des 900 milliards d'arbres du scénario maximal de Crowther, on économiserait donc 33 % de l'objectif. En effet, d'ici 2050, la baisse des émissions ne devrait plus être de 73 %, mais seulement de 50 %.

Difficile ? Sans doute pas. On peut raisonnablement espérer que dans vingt-cinq ans, on aura réussi à limiter nos émissions, à développer des technologies moins énergivores, à passer à l'échelle les solutions de stockage technologique, à déployer massivement des énergies renouvelables en complément des programmes nucléaires, et surtout, on peut espérer que nous aurons eu le temps d'adopter des modes de vie plus sobres en énergie.

Enfin, ne nous illusionnons pas : un projet de plantation ambitieux sur une longue période exige une approche pragmatique pour être réaliste, c'est pour cette raison que nous nous autorisons une certaine souplesse dans sa mise en œuvre. De nombreux aléas peuvent perturber le déroulement d'un programme ambitieux qui vise à planter 180 milliards d'arbres en dix ans.

Et si l'on visait une réduction de 50 % de l'effort recommandé par le GIEC entre 2025 et 2050 ? Dans ce cas, les projections indiquent qu'il serait nécessaire d'augmenter le nombre d'arbres à planter, soit 300 milliards au lieu de 180 milliards, afin d'atteindre un niveau d'émissions de 26 Gt CO_2 en 2050, contre les 11 Gt CO_2 initialement prévus.

Scénarios de l'effort à fournir pour limiter l'augmentation de la température à 2° (objectif atteignable avec hypothèse -50 % d'effort entre 2025 et 205)

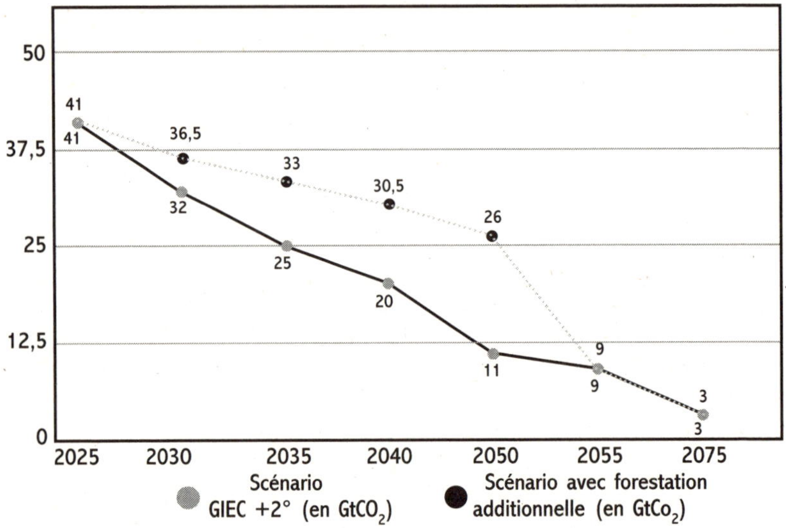

3

Un projet audacieux mais réaliste : petite revue critique à l'usage des plus sceptiques

Les interrogations sur la mise en œuvre d'une solution de forestation massive sont nombreuses. Nous ne les ignorons pas, mais aucune ne semble insurmontable. Sans prétendre à l'exhaustivité, tentons de répondre aux principales objections.

Assouplir les trajectoires de baisse des émissions n'encouragera-t-il pas la procrastination ?

Crowther a répondu à cette objection. « Ma plus grande crainte est que les entreprises abusent des conclusions de notre étude pour ne pas avoir à réduire leurs émissions de gaz à effet de serre. Mais plus nous émettons de gaz à effet de serre, plus le danger est grand pour l'homme et la nature. Nous ne pouvons toutefois pas choisir entre réduire les émissions et protéger la nature – les deux sont nécessaires de toute urgence. Nous avons besoin de la nature pour le climat et nous avons besoin de la protection du climat pour la nature[1]. »

Notre intention est bien de rester fidèles aux Accords de Paris et donc d'atteindre la neutralité carbone au plus tôt. Certes, les trajectoires de baisse varient dans le temps, mais l'objectif final est conservé. Il n'y a pas à craindre que ce réaménagement n'incite à ralentir les efforts de baisse des émissions. Il faut rappeler que toutes les trajectoires de décarbonation modélisées par le GIEC restent ambitieuses. Qui croit sérieusement que les émissions mondiales peuvent baisser de 4 % par an dès 2026 par rapport à la base de 2019, alors qu'elles étaient encore en croissance en 2023 et que celles liées à l'énergie ont atteint un nouveau record ?

Par ailleurs, les investissements pour assurer la transition sont colossaux et leur planification est programmée sur plusieurs décennies.

Enfin, l'inertie du temps de déploiement des énergies renouvelables telles que le solaire, l'éolien ou le

1. « Des forêts diversifiées pourraient être d'énormes réservoirs de CO_2 – mais seulement si les émissions diminuent », MyScience, 13 novembre 2023.
Voir www.myscience.ch/fr/news/2023/vielfaeltige_waelder_koennten_riesige_co_2_speicher_sein_aber_nur_wenn_die_emissionen_sinken-2023-ethz.

nucléaire, se calcule sur une échelle de temps qui va bien au-delà du nouvel échéancier proposé.

Peut-on planter 180 milliards d'arbres en dix ans ?

Cette objection porte sur la faisabilité de la plantation de 180 millions d'hectares de terres disponibles, et de manière sous-jacente sur la durée de ce projet : peut-on planter 18 milliards d'arbres par an pendant dix ans ?

En préambule, on rappellera qu'on plante déjà en moyenne environ 15 milliards d'arbres chaque année. La proposition que nous faisons consiste globalement à doubler cet effort pendant dix ans.

Naturellement, le rythme des plantations ne sera pas linéaire. Il sera plus lent au début, le temps de produire les plants, de former les planteurs et de mettre en place la logistique nécessaire. Une fois ces éléments mis en place, l'organisation optimisée permettra d'accélérer significativement le rythme des plantations.

De nombreux exemples pourraient rassurer chacun sur la faisabilité du programme.

On peut évoquer les nombreuses initiatives mondiales de reforestation déjà évoquées. En particulier, le Bonn Challenge, initiative internationale lancée en 2011 par le gouvernement allemand en collaboration avec l'Union internationale pour la conservation de la nature (UICN), vise à restaurer 350 millions d'hectares de paysages dégradés et déboisés à travers le monde. En 2020, plus de 70 pays ont pris l'engagement de restaurer plus de 210 millions d'hectares.

Au-delà de cette initiative, on peut surtout faire référence à plusieurs programmes de reforestation nationaux dont les résultats sont encourageants. On peut citer le cas du Costa Rica, de la Chine, de l'Inde et de l'Éthiopie ou encore de la France.

Le Costa Rica est connu pour son programme de reforestation réussi, qui a permis de passer d'une couverture forestière de 20 % en 1980 à plus de 50 % en 2021. Le gouvernement a mis en place des politiques incitatives pour encourager la reforestation et a travaillé en étroite collaboration avec les communautés locales pour assurer la durabilité des projets de reboisement.

De son côté, dans les années 1970, la Chine a lancé « Grain for Green », un vaste projet de reforestation qui a permis de doubler sa couverture forestière en trente ans. Plus de 66 milliards d'arbres sur plus de 34 millions d'hectares de terres dégradées ont été plantés. Le programme a permis de restaurer des écosystèmes, de prévenir l'érosion des sols et de lutter contre la désertification.

En 2015, l'Inde a lancé le programme « Green India Mission » pour augmenter la couverture forestière de 5 millions d'hectares d'ici 2030. Le programme vise également à améliorer la qualité des terres forestières existantes et à augmenter les avantages économiques pour les communautés locales. Par ailleurs, en 2016, l'Inde a planté 220 millions d'arbres en une seule journée dans le cadre de son programme « My tree, my responsability ». À méditer…

En Éthiopie, le gouvernement a lancé le projet de reforestation « Green Legacy » en 2019, qui visait à planter 4 milliards d'arbres en une seule saison de plantation. En 2020, le pays avait planté plus de 5 milliards d'arbres dans ce cadre.

En France, l'un des objectifs phares du programme « France 2030 », lancé par le président Emmanuel Macron, est de planter 1 milliard d'arbres d'ici 2032, dans le but de lutter contre le changement climatique et de renforcer la biodiversité. Une initiative qui représente environ 10 % de la superficie totale des forêts françaises. Selon le ministère de l'Agriculture, chaque année, 75 millions d'arbres sont déjà plantés pour régénérer les forêts françaises. Atteindre l'objectif de 1 milliard d'arbres d'ici 2032 nécessitera d'augmenter ce chiffre à 100 millions d'arbres par an[1]. En 2024, le programme semble avoir pris du retard au démarrage, mais l'ambition reste affichée.

Si ces pays ont réussi à eux seuls à planter plus de 70 milliards d'arbres dans un calendrier contraint, comment imaginer qu'une initiative mondiale ne puisse faire un peu plus de deux fois plus en dix ans ?

On a souvent souligné la concurrence potentielle de plantations massives de forêts avec l'utilisation de terres agricoles. Or l'étude de Zurich précise bien que,

1. Voir www.ouest-france.fr/environnement/emmanuel-macron-veut-planter-un-milliard-d-arbres-d-ici-a-2032-qu-est-ce-que-cela-represente-37bba402-56da-11ed-844b-6884844cd59f.

dans son estimation des surfaces disponibles, le chiffre de 900 millions d'hectares exclut les arbres existants, les prairies qui ne peuvent en aucun cas être remplacées par des plantations d'arbres[1], ainsi que les zones urbaines ou agricoles existantes et nécessaires à l'avenir.

Il s'agit d'un élément essentiel au regard de l'avertissement du GIEC qui affirme dans son dernier rapport que le reboisement ou la production de cultures de biomasse peuvent avoir des « effets socio-économiques et environnementaux négatifs, notamment sur la biodiversité, la sécurité alimentaire et hydrique, les moyens de subsistance locaux et les droits des peuples autochtones », en particulier s'ils sont mis en œuvre à grande échelle[2].

Dernier point, nos calculs prennent en compte le rythme actuel de la déforestation dans le monde. Si la perte annuelle de près de 15 millions d'hectares de forêts était réduite, le besoin de plantations supplémentaires diminuerait en conséquence.

---

1. « *We agree with Veldman et al. that forests should not replace natural grasslands. Our model does not contradict this statement at all. Indeed, our model only estimates where trees could exist, from a purely biophysical perspective. And by estimating from 0 to 100 % of potential tree cover, our model also estimates the distribution of natural grasslands, which must absolutely be protected and conserved.* » Voir www.science.org/doi/10.1126/science.aay8108?intcmp=trendmd-sci.
2. RSEDATANEWS, « Climat : les 7 points à retenir du 6e rapport du GIEC », 20 mars 2023, www.rsedatanews.net/article/article-infra--territoires-durables-rso-climat--les-7-points-a-retenir-du-6e-rapport-du-giec-2023032.

La culture d'arbres n'a-t-elle pas des limites ?

Une interrogation légitime porte sur la constitution des forêts à développer.

Planter ne doit pas se faire de n'importe quelle manière. Les actions de plantations d'arbres doivent respecter le type d'écosystème naturel, de la savane boisée à la forêt dense par exemple. Elles ne doivent pas non plus entraîner la perte d'écosystèmes naturels existants, tels que les prairies naturelles, qui peuvent supporter d'énormes quantités de biodiversité naturelle et de carbone. Elles doivent enfin être réalisées en choisissant des essences adéquates, et privilégier les peuplements mélangés plutôt que les plantations mono-espèces, si l'on veut que ces plantations rendent les mêmes services aux écosystèmes que de véritables forêts naturelles.

En particulier, les solutions retenues devront intégrer une variété d'espèces adaptées aux évolutions climatiques des cinquante prochaines années. La diversité des composantes des futurs massifs leur permettra de mieux résister aux maladies, aux attaques des insectes et aux ravages des incendies, tout en stimulant leur productivité grâce à la richesse de la biodiversité qui en résultera. La monoculture, régulièrement mise en cause, sera proscrite. Elle est à l'origine de l'incendie de Fort McMurray au Canada, qui a ravagé 600 000 hectares en 2016 et causé 7,4 milliards de dollars de dégâts, un drame en grande partie imputable à la plantation massive d'épinettes noires, à l'origine de la disparition des tourbières qui stockaient l'humidité. En France, 30 000 hectares de pins maritimes de Gironde sont partis en fumée à l'été 2022.

Tels sont les écueils qu'une politique raisonnée de plantations permettra d'éviter.

La seule inconnue ici est : avec quelle intensité cette capacité de séquestration sera mise à mal par le changement climatique, comme on peut déjà le constater en France et plus généralement en Europe ? Cela doit néanmoins encourager à une adaptation des forêts, qui passe par leur restauration et le maintien de leur biodiversité.

Et si la capacité actuelle de stockage de carbone des forêts s'effondrait ?

La capacité de stockage des puits terrestres que sont les sols et les forêts a baissé d'une manière inquiétante en 2023. En cause, la multiplication des incendies, le manque d'eau et la moindre résistance des arbres aux sécheresses et aux ravageurs. Les scientifiques considèrent toutefois qu'il est trop tôt pour dire si c'est un phénomène conjoncturel ou s'il s'agit d'une tendance pérenne[1].

1. Voir www.lemonde.fr/planete/article/2024/07/30/les-puits-de-carbone-terrestres-se-sont-effondres-en-2023_6261489_3244.html?lmd_medium=al&lmd_campaign=envoye-par-appli&lmd_creation=ios&lmd_source=default.

Naturellement, si la situation perdurait, il faudrait bien sûr augmenter le nombre d'arbres à planter, mais dans tous les cas, le principe d'un effort mondial de forestation additionnelle massif reste pertinent. Il deviendrait même indispensable.

Comment piloter un vaste programme de plantation international ?

La question du pilotage d'une telle initiative se pose effectivement. Elle pourrait être assurée par une coalition internationale, pourquoi pas en lien avec le Bonn Challenge. Dans tous les cas, on privilégiera une structure privée, sans doute plus agile, à qui serait néanmoins accordée une délégation de mission confiée par une instance internationale comme l'ONU. Un statut supranational conférerait à l'organisation chargée de la mise en œuvre de ce programme la légitimité nécessaire et l'exclusivité qui lui permettraient d'avancer au rythme requis, tout en évitant que son efficacité ne soit diluée par l'émergence de projets alternatifs, sources de dispersion des moyens et des budgets nécessaires.

Où trouver les terres pour accueillir de nouvelles forêts ?

Selon les auteurs de l'étude sur le potentiel de restauration des arbres à l'échelle mondiale[1], « plus

1. Voir www.science.org/doi/10.1126/science.aax0848.

de 50 % du potentiel de restauration des arbres se trouvent dans six pays seulement (en millions d'hectares : Russie, + 151 ; États-Unis, + 103 ; Canada, + 78,4 ; Australie, + 58 ; Brésil, + 49,7 ; et Chine, + 40,2) ». Ces chiffres soulignent l'importante responsabilité de certaines des principales économies mondiales.

Une des critiques les plus fréquemment opposées à un programme mondial de plantation massive de forêts est celle du foncier. Il est vrai que l'étude précitée n'a pas clairement identifié la propriété publique ou privée des surfaces disponibles. C'est pourquoi un consensus international sur la mise à disposition du foncier disponible sera sans doute nécessaire.

L'alignement pourra être facilité par les perspectives écologiques, économiques et sociologiques du projet. La préemption éventuelle des terres non plantées sera d'autant plus facilement acceptée qu'elle sera assortie d'une aide à l'investissement et d'un partage des ressources de la forêt : bois d'industrie, bois de chauffage, replantation, vente de crédits carbone, sous réserve que les arbres ne soient ni brûlés, ni coupés…

Comment assurer le financement d'un programme à 540 milliards de dollars ?

S'agissant des ressources, un budget d'origine privée plutôt que publique pourrait être privilégié. On peut imaginer sans peine que de grands mécènes nord-américains et africains soient attentifs à un tel projet. Mais il serait surtout naturel que des investisseurs, des financeurs, des gérants d'actifs ou la Banque mondiale soient séduits par le financement d'un programme aux revenus considérables.

Le coût de plantation d'un arbre est estimé à 1 dollar dans les pays en développement et à 5 dollars dans les pays développés. Si nous plantons 50 % de ces 180 milliards d'arbres dans les pays du Sud et 50 % dans les pays développés, le coût moyen par arbre sera de 3 dollars, soit un coût global de 540 milliards de dollars.

Cette somme représenterait une part modeste au regard du PIB mondial annuel de 105 000 milliards de dollars, soit, en une seule fois, 0,5 % du PIB mondial. En étalant ce budget sur dix ans, le coût annuel rapporté au PIB mondial serait de 0,05 % par an. Un effort très largement à notre portée.

On peut envisager au moins quatre sources de financement.

1. Les revenus provenant de la vente des crédits carbone sur le marché volontaire

Les volumes de transactions sur le marché volontaire du carbone sont particulièrement dynamiques. Il a quadruplé entre 2020 et 2021 pour s'établir récemment à 2 milliards de dollars. Cette croissance reflète l'intérêt accru des entreprises pour la compensation volontaire de leurs émissions de carbone. Sous la pression des investisseurs, de l'opinion publique, de leurs clients et de leurs salariés, la tendance ne devrait pas faiblir. Les prévisions indiquent que la demande mondiale en crédits carbone volontaires pourrait être multipliée par 15 d'ici 2030, et par 100 d'ici 2050[1]. On peut ajouter enfin que des discussions sont en cours pour intégrer les crédits carbone naturels dans le marché réglementé, ce qui aurait pour conséquence de renchérir significativement le prix de la tonne de CO_2 sur le marché volontaire.

La plantation additionnelle de 180 milliards d'arbres va globalement permettre de stocker environ 150 Gt CO_2 émis. À 10 dollars la tonne, ce qui serait très attractif, ces nouvelles forêts pourraient générer 1 500 milliards de dollars de crédits carbone... soit trois fois plus que le financement requis.

2. Des revenus issus de l'exploitation des forêts

L'exploitation forestière traditionnelle, qui suppose de couper des arbres dont la vocation première est de stocker du carbone, devra être proscrite. Pour être commercialisé, il faudra que le bois de construction potentiellement issu de ce programme réponde à certaines exigences très strictes qui garantissent que les arbres ne soient pas coupés avant leur extinction, qu'ils soient transformés exclusivement en bois d'œuvre avec la garantie tracée qu'ils ne seront pas brûlés avant un certain temps, et enfin qu'ils soient replantés sans que

1. Source : https://agriculture.gouv.fr/le-marche-de-la-compensation-carbone-volontaire.

les crédits carbone initiaux ne soient comptabilisés une nouvelle fois.

Au-delà de ce point d'attention et de la vente de crédits carbone évoquée, l'exploitation des forêts peut générer de multiples revenus grâce à diverses activités durables, tout en préservant le CO_2 stocké par les arbres.

Divers produits forestiers non ligneux peuvent être collectés tout en maintenant la biomasse, sans abattre les arbres : récolte de fruits, noix, baies, champignons, miel, résines, plantes médicinales, etc.

La plantation d'une forêt peut également permettre de développer des activités d'agroforesterie et de sylvopastoralisme. L'intégration de cultures ou d'élevage sous couvert forestier permet de diversifier les revenus tout en maintenant la couverture arborée et en préservant le stockage de carbone. Certaines plantes comme le café ou le cacao sont parfaitement adaptées à une culture de sous-bois.

De plus, sachant que la forêt peut offrir une protection contre l'érosion, les inondations ou les glissements de terrain, les communautés ou les entreprises situées en aval peuvent être disposées à payer pour ces services.

À ces revenus de la forêt il faut ajouter de multiples profits plus complexes à valoriser, mais bien réels, comme les effets positifs sur la biodiversité, la qualité de l'eau et de nombreux bénéfices sociaux liés à la préservation de la nature.

3. Une taxe carbone mondiale

Sur la base actuelle de 40 Gt CO_2 émises chaque année, une taxe carbone mondiale fixée à 1 dollar par tonne sur une période de dix ans permettrait de générer 400 milliards de dollars, soit presque l'intégralité des investissements nécessaires.

Bien sûr, il est peu probable que tous les pays l'appliquent uniformément, et certains secteurs bénéficieront sans doute d'exemptions. Toutefois, face à l'urgence climatique, l'Union européenne pourrait prendre l'initiative de mettre en place une telle mesure.

4. Une campagne philanthropique mondiale

S'engager dans un vaste programme mondial de boisement pour sauver la planète pourrait trouver un accueil favorable auprès des mécènes américains, souvent réticents aux taxes mais très sensibles à la philanthropie.

Etc.

Dans cette perspective, on pourrait s'étonner que de banals projets de plantation d'arbres, dont la viabilité économique croissante n'est plus à démontrer, suscitent un intérêt mesuré de la part de bon nombre d'investisseurs. Étrangement, le secteur de la tech ne peine aucunement à trouver des financements faramineux auprès d'acteurs financiers fascinés par la perspective de surprendre le marché malgré une rentabilité souvent chimérique et de sévères déconvenues (*cf.* la TV 3D hier, Theranos aujourd'hui, le metavers demain ?). L'innovation dans la captation directe de carbone (DACS) en fournit une nouvelle illustration. Les États-Unis ont annoncé en mai 2023 un investissement de 3,5 milliards de dollars pour développer quatre hubs de captage direct de l'air à grande échelle à travers le pays. Dans le cadre du projet « Initiative Frontier », des entreprises comme Stripe, Alphabet, Shopify, Meta et McKinsey, sont convenues d'acheter par anticipation 925 millions de dollars de crédits carbone provenant du DACS et d'autres technologies innovantes. Des sociétés comme Microsoft ont créé des fonds destinés à l'innovation climatique, investissant dans le DACS pour compenser leurs propres émissions, etc. Autant d'efforts colossaux dont une partie pourrait être utilement réorientée vers la forestation.

Le monde de l'entreprise se mobilise

Au-delà des sources de financement évoquées, les entreprises privées pourraient également apporter une contribution significative à la réalisation d'un projet mondial de forestation et d'afforestation.

Elles y sont d'ailleurs incitées : l'adoption de cadres de référence sur la durabilité des entreprises, comme la TCFD[1], les encourage à intégrer les risques clima-

1. TCFD : la Task Force on Climate-Related Financial Disclosures est une organisation internationale créée en 2015 à la demande des dirigeants du G20. Elle standardise le reporting climatique et demande d'utiliser des analyses de scénarios de réchauffement, notamment à 2 °C ou moins, pour évaluer la résilience de la stratégie de l'entreprise face au changement climatique.

tiques dans leur reporting financier, ce qui pourrait, à certaines conditions, stimuler l'investissement dans les initiatives de compensation. Dans ce cadre et afin de convaincre leurs parties prenantes de la durabilité de leur modèle, de plus en plus d'entreprises prennent désormais des engagements conformes aux standards internationaux les plus exigeants, comme la Science Based Targets initiative (SBTi). Organisation internationale créée par le pacte mondial des Nations unies, le WWF, le WRI et le CDP (ex-Carbon Disclosure Project), SBTi a pour mission d'aider les entreprises à définir des objectifs de réduction des émissions de gaz à effet de serre alignés sur les avancées scientifiques, pour limiter le réchauffement climatique à « bien moins de 2 °C » au-dessus des niveaux préindustriels. Dans ses récentes recommandations, elle a souligné que les entreprises doivent donner la priorité aux réductions réelles et substantielles de leurs émissions de GES. Concrètement, elles doivent « réduire d'abord, compenser ensuite », en se concentrant sur la diminution maximale de leurs émissions directes (scopes 1 et 2) et indirectes (scope 3) tout au long de leur chaîne de valeur, avant de recourir à la neutralisation des émissions résiduelles.

Ainsi, SBTi n'autorise pas l'utilisation de crédits carbone issus de projets de compensation, tels que les plantations d'arbres, pour atteindre les objectifs de réduction des émissions à court terme : c'est par des réductions effectives des émissions au sein des opérations et de la chaîne de valeur de l'entreprise, et non par des compensations externes, que les objectifs doivent être atteints. En revanche, une fois que l'entreprise a réduit ses émissions autant que possible, elle peut neutraliser les émissions résiduelles, difficiles à éliminer, en investissant dans des projets d'élimination du carbone, comme la forestation.

Concrètement, selon la norme Net-Zero du SBTi, les entreprises doivent réduire leurs émissions absolues de 90 à 95 % d'ici 2050 au plus tard. Les 5 à 10 % d'émissions résiduelles peuvent être neutralisées par des solutions d'élimination du carbone de haute qualité, telles que la plantation d'arbres, à condition que ces projets de forestation soient additionnels, c'est-à-dire qu'ils n'auraient pas eu lieu sans le financement de la compensation carbone.

Cette politique d'incitation a montré ses effets: de nombreuses grandes compagnies se sont déjà engagées dans des projets de forestation pour compenser leurs émissions incompressibles, à travers des programmes communs tels que l'Initiative Trillion Trees lancée par le Forum économique mondial, qui vise à restaurer et protéger environ un milliard d'arbres d'ici 2030, ou par leurs propres initiatives, qui ont déjà conduit à la plantation de millions d'hectares de forêts.

Par exemple, en partenariat avec des organisations telles que The Nature Conservancy, Microsoft et Amazon financent des projets de forestation et de restauration forestière. Microsoft a investi dans la restauration de 11 000 hectares de terres forestières aux États-Unis, ce qui équivaut à la plantation de millions d'arbres. Amazon a développé un projet visant à restaurer 4 millions d'hectares de forêt tropicale en Amérique du Sud.

On peut citer également le cas du moteur de recherche Ecosia, qui utilise ses revenus publicitaires pour planter des arbres. Ecosia aurait déjà planté plus de 170 millions d'arbres dans plus de 30 pays, soit des dizaines de milliers d'hectares de forêts.

Unilever, en partenariat avec WWF, a investi dans la restauration de 600 000 hectares de forêt en Indonésie et au Brésil.

Au-delà de ses programmes de conservation et de restauration de forêts en Colombie et au Kenya, Apple finance un programme de restauration de 27 000 hectares de mangrove en Colombie, capable de stocker jusqu'à 1 million de tonnes de CO_2 sur sa durée de vie.

Volkswagen finance des projets de reforestation, notamment au Mexique, pour compenser les émissions de ses véhicules. Le constructeur a pour ambition de planter 1 million d'arbres couvrant 1 200 hectares.

TotalEnergies investit également dans des projets forestiers pour atteindre ses objectifs de neutralité carbone. Avec un projet de plantation en République démocratique du Congo, l'énergéticien ambitionne de reboiser 40 000 hectares en plantant 40 millions d'arbres.

Enfin, L'Oréal s'est engagé à réduire ses émissions de gaz à effet de serre et à restaurer les écosystèmes. Avec son programme « L'Oréal for the Future », l'entreprise vise la restauration de plus de 1 million d'hectares de forêts dégradées d'ici 2030.

Ces exemples illustrent l'engagement croissant des entreprises dans la forestation comme moyen de compenser leurs émissions incompressibles. Les chiffres varient selon les projets, mais l'impact cumulé est significatif en nombre d'hectares boisés et d'arbres plantés.

On peut raisonnablement penser que, sous la pression de l'évolution de la réglementation internationale, des connaissances scientifiques mais aussi des exigences des marchés, la contribution des entreprises à l'effort de plantation mondial est appelée à croître à court terme.

Finalement, l'investissement nécessaire pour accroître la forestation, estimé à 540 milliards de dollars, semble tout à fait réalisable. Cette somme ne représente que 0,5 % du PIB mondial, soit l'équivalent d'une année de chiffre d'affaires d'Amazon ou encore du PIB de la Belgique. Une contribution minime face à l'enjeu crucial de la préservation de l'humanité. Selon le GIEC, un réchauffement de 2 °C pourrait entraîner une perte de 2 à 4 % du PIB mondial d'ici 2050, et jusqu'à 10 %, voire plus, pour des scénarios de réchauffement plus élevés à 3 °C ou 4 °C.

En conclusion, avons-nous les moyens d'hésiter?

Planter des arbres n'est pas la panacée. Mais avons-nous à notre disposition une meilleure solution à activer immédiatement pour gagner le temps nécessaire à l'avènement des transitions énergétique, écologique et sociétale qui permettront de limiter le réchauffement de la planète « bien en deçà de 2 °C » avant la fin du siècle ?

Évidemment, une telle initiative mondiale n'a de sens que si elle s'accompagne d'efforts toujours plus soutenus pour baisser nos émissions de gaz à effet de serre, développer des solutions de stockage du CO_2 et recourir majoritairement aux énergies renouvelables.

La transition écologique ne se réalisera qu'au prix d'une telle combinaison. Mais pas seulement. Comme on l'a vu, la transition réussira à la seule condition qu'elle s'accompagne d'une modification de nos comportements dans tous les domaines de nos cadres de vie – alimentation, logement, transports, travail, loisirs, habillement… C'est à un nouveau modèle de société que nous invite la lutte contre le changement climatique.

Le vrai défi est là. Il peut être relevé, mais il demande du temps. Déjà, des habitudes de consommation que l'on imaginait bien ancrées sont remises en question, comme l'illustrent les difficultés du secteur de la *fast fashion*. Une prise de conscience est en marche, tant du côté des citoyens que du côté des gouvernements.

Cet exemple de la mode est éclairant sur la manière dont les mentalités peuvent – doivent – changer. Ainsi, en mars 2024, une proposition de loi a été adoptée à l'Assemblée nationale visant à réduire l'impact environnemental de l'industrie textile, qui a pour la première fois défini dans la loi la pratique commerciale de la *fast fashion*, caractérisée par « la mise à disposition ou la distribution d'un nombre élevé de nouvelles références de vêtements ou d'accessoires neufs sur un temps donné dépassant certains seuils ». La loi a surtout édicté des mesures pour limiter la production et la distribution d'articles de *fast fashion* : la mise en place d'un bonus ou d'un malus afin de récompenser ou de sanctionner financièrement les entreprises de l'industrie de la mode ; l'interdiction de la publicité et de la promotion des entreprises de *fast fashion* afin de lutter contre l'incitation à la surconsommation ; enfin, l'obligation pour les entreprises proposant la vente en ligne d'afficher sur leur site internet des messages sensibilisant à l'impact environnemental de la mode[1].

L'acceptabilité sociétale d'un changement de paradigme est donc possible mais elle est chronophage. Hormis en situation d'urgence absolue, elle exige un temps incompressible.

C'est là tout l'enjeu de notre proposition qui vise à mettre en place une coalition internationale capable d'assurer la plantation de 180 millions d'hectares de forêts dans les dix ans à venir. En capturant a minima 150 Gt CO_2 supplémentaires, on peut ralentir le rythme de baisse des émissions pendant vingt-cinq ans par rapport aux jalons recommandés par le GIEC,

---

1. Voir www.oxfamfrance.org/climat-et-energie/loi-fast-fashion-le-decryptage-doxfam/.

avant d'accélérer à partir de 2050 pour tenir, *in fine*, l'objectif de quasi-neutralité carbone en 2075.

SYNTHÈSE

- À partir de 2025,
- si on plantait 180 milliards d'arbres,
- soit 18 milliards d'arbres par an pendant dix ans,
- pour un montant de 540 milliards de dollars,
- on capterait 150 Gt CO2 additionnelles.
- Cette vaste opération mondiale permettrait de diminuer d'un tiers l'effort de baisse des émissions de CO_2 proposé par le scénario 2 °C dans la période 2025-2050.
- Le temps ainsi gagné sera mis à profit pour adopter progressivement de nouveaux modes de vie et de consommation plus sobres en énergie, bénéficier des progrès technologiques qui permettront d'émettre moins de CO_2 grâce au développement des énergies non fossiles, et enfin stocker davantage de carbone grâce à la captation technologique.
- Entre 2050 et 2055, nous faisons le pari qu'il deviendra possible de réduire davantage nos émissions pour rattraper la trajectoire finale calculée par le GIEC et parvenir, comme prévu, à la neutralité carbone en 2075.
- Entre 2055 et 2075, nous nous réalignons sur les trajectoires de baisse modérée des émissions du scénario 2 °C du GIEC.

C'est grâce à ce nouvel agenda que nous gagnerons le temps indispensable pour l'avènement des transitions sociales et technologiques. Ce temps conquis rendra la transition possible, parce qu'elle sera enfin devenue désirable.

Seconde partie

DEUX EXEMPLES POUR CONVAINCRE

Pour montrer la pertinence de notre thèse sur la nécessité de repenser l'agenda de la transition énergétique sans pour autant renoncer à l'objectif de neutralité carbone d'ici la fin du siècle, ou même le retarder, nous avons choisi de l'illustrer par deux exemples emblématiques : l'agriculture et l'aviation.

Ces deux domaines sont particulièrement bien connus de Jean-François Rial, par son expérience de président d'un important tour-opérateur français et créateur d'une ferme de maraîchage biologique dans le Perche.

À première vue, ces secteurs semblent très éloignés l'un de l'autre, et c'est précisément cette dichotomie qui a motivé notre choix. L'agriculture répond à un besoin fondamental, avec une utilité sociale indéniable. En revanche, l'aviation est souvent perçue comme un produit de luxe, à la valeur sociétale parfois contestée. Les deux secteurs partagent pourtant un défi commun : la difficulté, voire l'incapacité, à respecter dans les délais impartis les objectifs de réduction des émissions de CO_2 recommandés par le GIEC.

Malgré cela, nous sommes convaincus de l'importance vitale de préserver ces deux industries, dont la sauvegarde est une nécessité absolue.

Comment résoudre cette équation complexe ? C'est précisément ce que nous allons explorer dans les deux chapitres suivants, où l'agriculture et l'aviation serviront de cas d'étude pour illustrer et éclairer les thèses de ce livre.

I

Comment pourra-t-on continuer à prendre l'avion ?

Au nom de la lutte contre le dérèglement climatique, faut-il cesser de prendre l'avion ?

En 2024, le secteur de l'aviation était toujours un contributeur notable aux émissions mondiales de gaz à effet de serre. Son empreinte écologique a quadruplé depuis les années 1960 et les progrès technologiques de l'avion n'ont pas suffi à ralentir l'augmentation de ses émissions. Une situation qui tend à s'aggraver en raison de l'accroissement du trafic, lui-même alimenté par une demande croissante, stimulée par la hausse du niveau de vie des populations et la démocratisation de l'accès au transport aérien.

En contrepoint, on peut se demander si bannir l'avion ou diminuer fortement son utilisation est réaliste. N'oublions pas que le secteur aérien contribue de manière significative à l'économie mondiale. En 2023, il a représenté plus de 4,1 % du PIB global[1] et il soutient environ 100 millions d'emplois dans le monde (11,3 millions d'emplois directs et 87,7 millions d'emplois indirects)[2]. Par ailleurs, a-t-on imaginé les conséquences d'un monde où on s'interdirait d'aller à la rencontre de ceux dont on est le plus éloigné ? Et comment ne pas considérer comme une atteinte aux libertés individuelles l'obligation de limiter son horizon à la proximité de sa zone de vie ?

Les formidables capacités de l'avion ne sauraient pour autant dispenser de la nécessité de tout faire pour minimiser l'impact écologique de son usage. Entre attentisme et bannissement, le secteur pourrait suivre une ligne de crête conciliant le respect des objectifs du GIEC et la pérennisation des déplacements mondiaux.

Nous allons voir ici pourquoi et comment.

L'aviation est un des secteurs les plus difficiles à décarboner

Rappelons-le, l'avion génère entre 2,5 et 3,5 % des émissions annuelles mondiales de CO_2, mais son usage affecte aussi la concentration d'autres gaz et polluants : ozone, méthane, soufre ou encore de la vapeur d'eau, qui forme des nuages contribuant au réchauffement de la surface terrestre en redirigeant vers le sol le rayonnement qu'ils absorbent. Les scientifiques

1. PWC.
2. Straits Research.

estiment *in fine* que l'avion est responsable de 4 à 5 % de l'augmentation de la température mondiale[1].

La part des émissions de l'aérien est par ailleurs susceptible d'augmenter à mesure que d'autres secteurs se décarbonent plus rapidement. La production d'électricité peut continuer à baisser sa teneur en carbone grâce au développement des énergies renouvelables et du nucléaire, tout comme le transport routier et le chauffage peuvent être électrifiés. Même les industries dites « difficiles à décarboner », comme le ciment et l'acier, commencent à adopter des alternatives à faibles émissions. En comparaison, l'aviation accuse un retard certain. Et, comme on l'a vu, le trafic mondial devrait augmenter dans les prochaines décennies en raison d'une croissance de la demande portée par l'accroissement du niveau de développement des populations.

La maîtrise des émissions de l'aérien dépend donc de sa capacité à repenser son organisation, à améliorer son efficacité énergétique et à adopter des carburants à faible teneur en carbone. Mais si la technologie permet de freiner partiellement la hausse des émissions, elle ne pourra pas les éliminer entièrement. Pour atteindre l'empreinte la plus faible, le secteur devra passer à l'électrification, à l'hydrogène, aux biocarburants, aux carburants de synthèse et sans doute à une combinaison de l'ensemble de ces solutions, même si, on le verra, le carburant de synthèse est sans doute la

---

1. M. Klöwer, M. R. Allen, D. S. Lee, S. R. Proud, L. Gallagher, et A. Skowron, *Quantifying aviation's contribution to global warming*, Environmental Research Letters, 2021.

solution la plus prometteuse, puisqu'elle ne nécessiterait pas de changer de machines. Enfin, à la sobriété technologique du transport aérien pourrait s'ajouter celle de ses usages.

Pour le moment, en raison de l'attentisme évoqué, la décarbonation totale du transport aérien reste une utopie. Au mieux, l'atteinte d'une empreinte « net zéro carbone » de l'avion ne verra pas le jour avant des décennies, à condition que les solutions évoquées ici soient mises en œuvre dès à présent. La période de transition que nous vivons dans cette attente justifie l'absolue nécessité de développer les puits de carbone naturels comme la plantation massive d'arbres. Ces solutions de stockage pourraient permettre de gagner le temps indispensable à la décarbonation attendue.

L'empreinte carbone du transport aérien résulte en outre de plusieurs facteurs, qui tous influent, à la hausse ou à la baisse, sur les émissions de CO_2 : le modèle d'avion, la nature du vol (direct ou avec escale), le nombre de passagers, la consommation de carburant, la distance parcourue et le type de vol.

Cette typologie a une incidence majeure sur les émissions de l'aérien.

Les vols long-courriers, qui couvrent des distances supérieures à 3700 km, sont responsables d'environ 50 à 55 % des émissions totales du secteur aérien, malgré leur proportion relativement faible dans le nombre total de vols. Ils consomment en effet une grande quantité de carburant par passager en raison des longues distances et des besoins en carburant supplémentaires pour le poids du carburant lui-même.

Les vols moyen-courriers, qui couvrent des distances comprises entre 1 500 et 3 700 km, contribuent à environ 25 à 30 % des émissions du secteur. Ils représentent une part importante du trafic aérien international, notamment en Europe et en Asie.

Les vols court-courriers, couvrant des distances généralement inférieures à 1 500 km, représentent environ 15 à 20 % des émissions totales. Bien que les vols court-courriers soient plus fréquents, leur contribution aux émissions est moindre en raison des distances plus courtes et du temps de vol réduit.

Cette répartition montre que les vols long-courriers, bien qu'ils soient moins fréquents, ont un impact disproportionné sur les émissions de CO_2 du secteur aérien. C'est donc vers eux qu'il convient d'orienter prioritairement les innovations technologiques et les initiatives de réduction des émissions[1].

Il faut enfin ajouter, à cette empreinte écologique de l'aviation, celles des plateformes aéroportuaires, des dessertes en transports routiers, ferroviaires, les activités et infrastructures commerciales et surtout le roulage au moteur qui contribuent à plus de 4 % des émissions du secteur aérien.

---

1. « Émissions du transport aérien : la faute au long-courrier », *Air Journal* (air-journal.fr) ; « Aviation et changement climatique », ministère de la Transition écologique et de la Cohésion des territoires (ecologie.gouv.fr), *Carbone 4*.

Un avion sans empreinte carbone ? On rêve !

Nous pensons qu'en l'état actuel des connaissances scientifiques et technologiques il est improbable de parvenir à décarboner le transport aérien dans le respect des jalons proposés par le GIEC, qu'il s'agisse du scénario prévoyant de limiter la hausse des températures à 1,5 ou du scénario à 2 degrés d'ici la fin du siècle.

Comme on l'a dit, les améliorations de l'efficacité énergétique des avions, bien qu'importantes, n'ont pas suffi à compenser la croissance rapide de la demande. Entre 2010 et 2019, cette efficacité énergétique s'est améliorée de 1,8 % par an en moyenne, mais la demande de transport aérien a augmenté de plus de 5 % par an dans la même période[1]. Selon l'IATA (Asssociation internationale de transport aérien), le trafic aérien devrait passer pour la première fois la barre des 5 milliards de passagers en 2025.

Et l'avion électrique ?

On entend effectivement parler de projets d'avion à propulsion électrique, alimenté par des batteries. Mais de quoi s'agit-il en réalité ? D'un avion capable de voler cinquante ou soixante minutes : c'est-à-dire un vol court-courrier, au mieux un moyen-courrier, qui ne pourrait transporter qu'un nombre très réduit de passagers (un pilote et quelques passagers, en tout, moins

1. « CO_2 emissions in aviation in the Net Zero Scenario, 2000-2030 », *Charts, Data & Statistics*, IEA.

d'une dizaine de personnes...). Et sur quelle distance? On évoque parfois une autonomie de 250 km, voire à terme 500 km, mais le poids actuel des batteries limite drastiquement le nombre de passagers sur de longues distances. Or, on l'a vu, la majeure partie des émissions de CO_2 des avions provient des vols long-courriers. La mobilité aérienne électrique resterait donc circonscrite à un périmètre régional. DHL a ainsi annoncé le déploiement de douze avions-cargos tout électriques pour créer des réseaux de livraison électrique à l'intérieur des États-Unis, les avions ayant une autonomie maximale de 460 km.

À ces limites de l'usage de l'avion électrique s'ajoute l'origine de l'électricité utilisée qui, pour être réellement vertueuse sur le plan écologique, devra elle-même provenir de sources décarbonées. Encore un défi dont la relève n'est pas assurée...

Et l'avion à hydrogène?

Il existe aujourd'hui, mais il en est encore au stade très expérimental ou en phase de développement précoce. Plusieurs entreprises et projets s'attellent à explorer cette technologie, bien qu'elle ne soit pas encore largement déployée pour les vols commerciaux réguliers. L'une d'elles a pour ambition de mettre en service un avion commercial fonctionnant à l'hydrogène d'ici 2035. De même, une start-up a mené plusieurs vols d'essai avec des avions à hydrogène de petite taille, notamment un appareil de six places. Cependant, même si ces prototypes deviennent une réalité dans les dix ans à venir, il faudra encore beaucoup de temps avant qu'ils n'accèdent au stade industriel. L'aviation fonctionne en effet selon des cycles très longs ; lorsqu'une compagnie aérienne acquiert un avion, elle l'amortit sur une période de vingt-cinq ans. La plupart des 12 000 avions monocouloirs (courts et moyens-courriers comme les A320, B737, ou encore les C919 chinois ou Embraer brésiliens) commandés seront livrés d'ici 2030 et voleront donc encore au-delà de 2050.

Il faudra donc des décennies pour que ces avions trouvent une place dans les flottes existantes.

Et encore, la technologie utilisée n'est pas sans limites. Bien que l'hydrogène possède une densité énergétique massique élevée, sa densité énergétique volumétrique est inférieure à celle du carburéacteur traditionnel. Pour stocker 1 kg d'hydrogène sous forme gazeuse, un volume d'environ 11 m^3 est nécessaire, ce qui permet à un véhicule à moteur à hydrogène de parcourir 100 km. Dans le contexte de l'aviation, cela signifie que les réservoirs nécessaires doivent être bien plus volumineux pour stocker une quantité d'énergie suffisante, ce qui limite considérablement l'autonomie des avions. Le rayon d'action d'un avion à hydrogène ne saurait guère dépasser les 2 000 à 2 500 km, faute de réservoir assez grand, à moins que l'on sache stocker à bord de l'hydrogène liquide, c'est-à-dire maintenu à moins 250 °C et donc des réservoirs lourds et étanches, une technologie pratiquée timidement par le transport maritime.

En outre, l'infrastructure pour produire, stocker et distribuer de l'hydrogène demeure embryonnaire. D'importants investissements seront donc nécessaires pour créer des chaînes d'approvisionnement et développer les infrastructures adéquates dans les aéroports afin de soutenir cette nouvelle forme d'aviation.

Il faut aussi considérer le coût de production de l'hydrogène. Souffrant d'une perte de rendement de 30 %, l'hydrogène vert, produit par électrolyse à partir d'électricité renouvelable, reste encore onéreux par rapport aux carburants fossiles : il est actuellement trois à quatre fois plus cher que le kérosène. Bien que l'on puisse espérer une diminution des coûts avec l'augmentation de la production et les avancées technologiques, ce facteur demeure pour l'instant un obstacle majeur à son adoption à grande échelle.

Enfin, les défis de propulsion que l'avion à hydrogène devra surmonter ne sont pas à négliger. Qu'ils soient fondés sur des piles à combustible ou sur des moteurs à combustion spécifique, les systèmes de propulsion à hydrogène sont toujours en cours de développement. Ces technologies doivent encore prouver leur fiabilité, leur efficacité et leur capacité à être intégrées dans des avions de ligne.

Force est de conclure que l'avion à hydrogène ne constitue pas encore aujourd'hui une technologie capable de contribuer massivement à la décarbonation du transport aérien en raison des nombreux défis techniques, économiques et infrastructurels qui subsistent.

Encore un constat qui invite à un rééchelonnement de l'agenda de la transition.

Tout cela milite pour une rupture technologique à court-moyen terme, ce qui n'est pas à l'ordre du jour notamment chez les constructeurs comme Boeing et Airbus qui préfèrent amortir l'existant plutôt que d'investir dans ces nouvelles technologies.

La dernière grande révolution technologique dans le domaine du transport aérien remonte à 1969 avec l'apparition du Concorde. Cette prouesse d'ingénierie permettait de voyager à des vitesses supersoniques, mais son coût environnemental et économique était élevé: la consommation de carburant atteignait 14 l/100 km par passager. Aujourd'hui, la consommation moyenne d'avions de type A350 ou Boeing 787 est d'environ 3,5 l/100 km par passager sur la base d'un taux de remplissage d'environ 85 %, ce qui n'est pas toujours le cas. En tenant compte de l'inflation, le coût de développement du Concorde représenterait 17 milliards d'euros en 2024…

La conception de l'avion du futur, qui représenterait une véritable rupture technologique, nécessiterait l'utilisation de matériaux innovants comme le micro-lattice, inspiré de la structure des os d'oiseaux, ainsi que des voilures variables. Ce projet pourrait également intégrer l'hydrogène embarqué, alimentant soit des moteurs actuels ou futurs, soit des piles à combustible pour propulser des moteurs électriques. Un tel développement prendrait au moins dix ans et impliquerait un investissement de plus de 25 à

30 milliards d'euros. Pour concrétiser ce projet, un soutien massif des États serait indispensable, tout en garantissant une concurrence loyale. À titre de comparaison, le développement de l'A380, bien qu'il ne représente pas une rupture technologique, a coûté 10 milliards d'euros.

Il y a urgence à investir massivement sinon le secteur sera rapidement responsable de plus de 15 % des émissions dans la prochaine décennie, ce qui est difficilement supportable et alimentera le phénomène *flygskam* – terme suédois qui signifie « la honte de prendre l'avion » –, de plus en plus revendiqué, surtout par les jeunes.

Il ne faut pas oublier l'impact du bruit subi par les riverains des aéroports, qui entraîne divers effets négatifs sur la santé. Ce bruit, source de stress, peut provoquer des troubles du sommeil ainsi que des problèmes cardiovasculaires. L'Ademe évalue à 150 milliards d'euros le coût social du bruit en France, dont 12 milliards dus au bruit aérien[1].

En conclusion, il est urgent d'améliorer l'existant : augmenter sensiblement la filière SAF (*sustainable aviation fuel*), imposer des descentes continues régulières, les routes directes en fonction de la météo, le roulage des avions en électrique, adapter les taxes aéroportuaires et en route en fonction des consommations et émissions ainsi que du remplissage… mais surtout investir massivement et rapidement sur les avions du futur.

---

1. Voir www.bruit.fr/quoi-de-neuf/les-chiffres-du-bruit.

Que penser du train ?

Pourrait-il être un substitut au transport aérien? Sous réserve de disposer d'assez de trains et de places, le chemin de fer ne saurait remplacer que les déplacements intracontinentaux court-courriers (voire les moyen-courriers si l'on exclut le facteur temps de la comparaison). Or, on l'a vu, ces vols génèrent une minorité des émissions mondiales de la navigation aérienne, ce qui limite la pertinence écologique d'un remplacement partiel de l'aérien par le ferroviaire. En considérant le problème dans sa globalité, le train ne saurait remplacer l'avion.

En l'état actuel des connaissances scientifiques et des développements technologiques, on voit bien que la décarbonation du transport aérien n'est pas pour tout de suite. Pour autant, à défaut de pouvoir faire disparaître son empreinte carbone, il est toujours possible de réduire au maximum ses émissions.

Du bon sens dans l'organisation des vols

Sans attendre, il est possible d'engager des actions qui, à trafic mondial égal, permettraient a minima de diviser par deux les émissions de la navigation aérienne.

Il existe plusieurs leviers à activer, chacun contribuant à une réduction de quelques pour cent des émissions. Combinés, ils pourraient permettre d'atteindre une diminution globale proche de 50 %.

Le premier levier, qui relève du simple bon sens, porte sur l'organisation des vols.

Pour commencer, il faut privilégier les vols directs. Quand la raison économique défie la rationalité écologique, on pourrait imposer ce principe ou créer une règle de priorité. Les compagnies aériennes utilisent des vols indirects pour optimiser les coûts, maximiser l'utilisation des avions et des équipages, et gérer efficacement les créneaux horaires dans des aéroports saturés. Le modèle de réseau en hub permet de regrouper les passagers à partir de plusieurs points de départ vers un hub central avant de les redistribuer vers leur destination finale. Le système offre également une plus grande flexibilité pour ajuster les capacités en fonction de la demande et faciliter les partenariats avec d'autres compagnies pour élargir le réseau de destinations.

Mais le vol indirect est une catastrophe écologique. Aller à Hong-Kong en passant par Dubaï est un désastre en termes d'émissions. Non seulement la route est plus longue, mais l'avion doit effectuer deux atterrissages et deux décollages, qui représentent des consommations élevées. Les compagnies aériennes mondiales pourraient décider d'en finir avec les vols indirects, lorsque la situation géopolitique le permet. L'interdiction du survol de l'espace aérien russe pour aller depuis l'Europe en Chine, au Japon, en Corée du Sud, a eu pour effet d'ajouter plusieurs heures de vol, comme pour la Nouvelle-Calédonie, destination pour laquelle les avions font généralement escale en

Asie. Le vol Helsinki-Tokyo ou Helsinki-Shanghai a été rallongé de trois heures, le vol Paris-Tokyo est passé de plus de douze heures à plus de quatorze, etc.

Si le vol gagne à être direct, il gagne aussi à être plus linéaire. C'est tout le sujet des routes aériennes.

Aujourd'hui, à cause d'un bon nombre de raisons réglementaires, les routes aériennes ne suivent pas les voies les plus directes. Pour voler le plus droit possible, il faut gérer de nombreuses contraintes : les zones militaires aériennes, divers aléas météorologiques, la capacité du contrôle aérien, l'organisation du service… On ne peut pas agir sur tous ces facteurs, mais certains peuvent être améliorés.

Au printemps 2024, de nouvelles règles d'optimisation des liaisons aériennes ont été adoptées par le Parlement européen et le Conseil européen : c'est ce qu'on appelle le « ciel unique européen ». Elles prévoient notamment un verdissement du transport aérien par le développement de vols plus courts et plus directs. Une gestion plus efficace du trafic aérien et des services de navigation aérienne doit également permettre de réduire la fragmentation de l'espace aérien européen. De manière concrète, il s'agit de mettre fin aux actuels « blocs d'espace aérien fonctionnels », qui sont organisés de manière nationale, de sorte que les avions doivent suivre des trajectoires sinueuses. Cette réforme du ciel européen va permettre d'optimiser les trajectoires de vol, avec à la clé de nettes améliorations sur le plan écologique, un gain en matière de sécurité et de substantielles économies de temps et d'argent. On estime que l'impact environnemental de l'aviation devrait ainsi être réduit de 10 % par rapport à 2004.

Depuis quelques années, l'amélioration des moyens techniques va dans ce sens : le déploiement d'un nouveau système de contrôle de la navigation aérienne permet aux contrôleurs de mieux visualiser les trajectoires des avions pour les optimiser, ce qui a pour effet de réduire les durées de vol, les consommations de carburant et les émissions de CO_2[1]. D'autres actions sont en cours, par exemple un allégement des restrictions mises en place sur les routes aériennes, pour relier notamment les grands aéroports par des routes directes permanentes, qui permettent de planifier des itinéraires plus courts et de réduire la consommation de carburant. Autre exemple, le *Free Route*. Ce concept permet aux compagnies aériennes de planifier des trajectoires de vol plus directes et flexibles, sans être contraintes de suivre les routes aériennes prédéfinies. Dans cet espace aérien, les pilotes peuvent choisir librement leur itinéraire entre un point d'entrée et un point de sortie, en fonction de l'efficacité du vol (réduction de la consommation de carburant, optimisation du temps de vol). Le *Free Route* améliore l'efficacité du trafic aérien en réduisant les distances parcourues, les coûts d'exploitation et les émissions de CO_2. Mis en œuvre depuis 2021, dans la moitié de

1. PLF 2024, projet annuel de performances de la Direction des services de la navigation aérienne (DSNA).

l'espace aérien supérieur français, il a permis de gagner environ 40 000 tonnes d'émission de CO_2 par an[1].

À ce pilotage vertueux s'ajoutent le développement de la sensibilisation des contrôleurs aux enjeux environnementaux et la mise à leur disposition d'outils permettant d'organiser le trafic de manière plus écologique. Leur formation inclut désormais l'apprentissage de nouvelles pratiques visant à optimiser les trajectoires de vol, afin de réduire la consommation de carburant et les émissions de CO_2. Des méthodes comme les approches continues, permettant des descentes plus fluides et moins énergivores, sont intégrées dans leur quotidien. L'utilisation de technologies modernes joue également un rôle clé dans la transformation de ce métier. Les contrôleurs utilisent désormais des outils de gestion avancée du trafic aérien, capables d'anticiper les conditions météorologiques et de déterminer les routes les plus économes en énergie.

Les premiers résultats de ces efforts sont encourageants. Des études montrent une réduction tangible des émissions de CO_2, particulièrement dans les aéroports où les nouvelles procédures d'approche sont pleinement déployées. L'efficacité énergétique des vols s'améliore, les temps d'attente et les détours inutiles diminuent grâce à une gestion plus rationnelle de l'espace aérien.

1. AFBEC, « Expansion of cross-border free route airspace for climate-friendly air traffic », mars 2022, www.fab-ce.eu/news-media/news/275-fab-ce-fabec-expansion-of-cross-border-free-route-airspace-for-climate-friendly-air-traffic.

Évidemment, des défis subsistent. L'adoption de ces pratiques n'est pas uniforme à travers le monde, certains pays étant plus avancés que d'autres dans la modernisation de leurs systèmes. Le développement technologique, crucial pour maximiser les gains environnementaux, reste inégal, tout comme les infrastructures aéroportuaires qui en dépendent. Enfin, un équilibre délicat doit parfois être trouvé entre efficacité opérationnelle et priorités écologiques, notamment en période de forte congestion aérienne.

Bien que la formation aux enjeux écologiques prenne de l'ampleur et commence à porter ses fruits, un long chemin reste à parcourir pour harmoniser et approfondir ces efforts à l'échelle mondiale. Les résultats obtenus jusqu'à présent témoignent néanmoins du potentiel de cette approche pour rendre l'aviation plus durable.

Dans ce domaine comme dans d'autres, on voit là encore que la transition écologique est à notre portée, mais qu'elle exige du temps.

Les progrès technologiques de l'industrie aéronautique

Le deuxième levier, plus puissant que le précédent, est d'ordre technologique : la modernisation des moteurs, en améliorant le cycle de combustion, permet de réduire la consommation et les émissions de gaz à effet de serre.

Les moteurs d'avion des dernières générations consomment aujourd'hui 2 à 3 litres pour 100 km par passager, soit moitié moins que les premiers Airbus et 1 litre de moins que les Boeing 747. Une consommation finalement assez proche d'une voiture individuelle transportant au moins deux passagers. Au fur et à mesure que les compagnies aériennes remplacent les moteurs de leurs avions par des modèles plus performants, les consommations baissent et les émissions sont réduites.

Une autre piste d'amélioration concerne les procédures de décollage et surtout d'atterrissage des avions, qui sont des moments où l'économie de carburant et donc d'émissions de CO_2 peut être considérable. Ces phases de l'atterrissage et du décollage où l'avion roule sur le tarmac, grâce à son moteur à réaction, peuvent en effet représenter jusqu'à 25 % du CO_2 émis pour un court-courrier.

Or les moteurs de poussée ne sont pas adaptés au roulage au sol. En comparaison de la puissance nécessaire pour faire décoller un avion, seule une toute petite partie de cette puissance est utilisée au sol, le moteur fonctionne donc à bas régime, ce qui représente d'importantes pertes d'énergie.

Est ainsi à l'étude l'intégration d'un moteur électrique dans le système de train d'atterrissage, grâce auquel le déplacement au sol, avant le décollage et après l'atterrissage, utiliserait de l'énergie électrique et non plus les moteurs de poussée. Les bénéfices sont multiples : une baisse des émissions de gaz et de CO_2, une augmentation de la durée de vie des freins, une diminution de la consommation de kérosène, mais aussi une réduction du bruit dans les aéroports.

Ce système doit permettre également un freinage électrique pendant les déplacements au sol, créant deux effets positifs. En premier lieu, l'énergie de freinage permettra de recharger les batteries. Et surtout les freins en carbone des avions seront beaucoup moins sollicités, alors qu'ils sont plus adaptés au freinage lors des phases d'atterrissage, c'est-à-dire à haute vitesse et haute température. On limitera ainsi fortement la pollution liée à l'utilisation de ces freins, qui génère de la poussière et des microparticules.

Cette innovation est pensée d'abord pour les avions court-courrier ou moyen-courrier, qui effectuent de huit à dix vols par jour et passent plus de deux heures par jour à rouler au sol : leur consommation peut atteindre 13 kg de kérosène par minute. L'installation d'un tel système électrique pourrait économiser plus de 3 % de carburant.

Enfin, une autre solution permettant de réduire fortement les émissions est l'utilisation de nouveaux carburants.

L'avenir de l'avion est dans les nouveaux carburants

La solution la plus prometteuse pour réduire l'empreinte carbone de l'aviation est celle du carburant de synthèse ou des biocarburants, ce qu'on appelle des SAF : *sustainable alternative fuel*.

Si leur utilisation reste limitée aujourd'hui puisqu'ils représentent moins de 0,1 % de la consommation totale de carburant pour l'aviation, il est prévu que cette part atteigne 1 à 2 % d'ici 2027 à condition que soient déployés des investissements significatifs et des politiques de soutien, telles que les taxes sur les carburants et les normes sur les carburants à faible teneur en carbone[1].

Les SAF sont composés de deux types de carburants : les biocarburants, des déchets agricoles produisant du carburant, et les carburants de synthèse.

Les biocarburants

Oublions la première génération de biocarburants produite à partir de maïs, de canne à sucre ou de soja, monocultures délétères qui concurrencent l'agriculture vivrière... Le bioéthanol ou le biodiesel qui en résulte sont catastrophiques sur le plan écologique. Les biocarburants de deuxième génération, issus de la biomasse non alimentaire comme la paille ou la bagasse de canne à sucre, ne présentent pas plus d'intérêt sur le plan environnemental. Ils nécessitent en effet une utilisation *ad hoc* de terres supplémentaires pouvant générer de la déforestation et conduire à une perte de biodiversité, qui s'ajoutent aux consommations d'eau et d'énergie importantes nécessaires à la conversion de la biomasse.

Seuls pourraient être considérés comme durables pour l'aviation les carburants de synthèse issus d'algues

1. IEA : www.iea.org/energy-system/transport/aviation.

et de diverses ressources aquatiques et ceux qui visent non seulement à être neutres en carbone mais aussi à avoir des émissions négatives. Tel est le cas des technologies avancées, comme la bioénergie avec capture et le stockage de carbone évoqués *supra*.

Ces carburants de troisième et quatrième générations présentent l'avantage de ne pas concurrencer l'agriculture, puisqu'ils n'utilisent que des déchets agricoles non exploités, y compris pour produire du compost. Parfaitement opérationnels, ils peuvent être incorporés sans avoir à modifier le moteur de l'avion ni le dispositif de distribution de carburant.

Leurs avantages en font une solution relativement acceptable intéressante à développer. Hélas, ces nouveaux carburants souffrent à leur tour de plusieurs handicaps, à commencer par leur coût, pour le moment quatre fois supérieur à celui du kérosène. Second inconvénient, si l'on restreint la fabrication de biocarburants à l'utilisation de déchets ou résidus de l'agriculture, de manière à ne pas concurrencer les productions vivrières indispensables à l'homme, sachant que les ressources sont limitées, on pourra produire au mieux 2 à 3 % de l'équivalent du kérosène mondial. C'est un petit pas de plus vers la décarbonation de l'avion, mais qui reste très insuffisant au regard des besoins de production.

Les constructeurs d'avions ont avancé plusieurs annonces sur la création de filières 100 % biocarburants ; Boeing, Airbus ou Safran expérimentent des vols utilisant exclusivement des biocarburants.

Par ailleurs, l'Union européenne a décidé en septembre 2023 d'imposer à tous les avions décollant d'un aéroport européen d'utiliser une part croissante de carburants écologiques: au moins 2 % du carburant consommé à partir de 2025, une part qui doit augmenter tous les cinq ans, 6 % en 2030, 20 % en 2035, 34 % en 2040, 42 % en 2045, pour atteindre 70 % en 2050.

La réglementation européenne exigera qu'une proportion spécifique du mélange de carburants inclue des biocarburants et des carburants synthétiques comme l'e-kérosène: 1,2 % en 2030, 2 % en 2032, 5 % en 2035, jusqu'à 35 % en 2050.

À l'été 2024, BP et Shell ont pourtant annoncé suspendre leurs projets de développement d'unités de production de biocarburants, arguant d'une insuffisance de la demande.

Dans ce contexte, on comprend aisément que les biocarburants ne seront pas la solution ultime qui permettra de remplacer significativement le kérosène.

Plus que les biocarburants, le carburant de synthèse paraît prometteur à bien des égards.

Les carburants de synthèse

Le carburant de synthèse, souvent appelé e-carburant ou carburant synthétique, est un combustible produit de manière artificielle à partir de sources non fossiles. Le processus de fabrication repose principalement sur la combinaison d'hydrogène (H_2) et de dioxyde de carbone (CO_2) avec de l'électricité provenant de sources renouvelables.

L'hydrogène est généralement produit par électrolyse de l'eau. Ce processus utilise de l'électricité pour séparer l'eau (H_2O) en ses composants élémentaires : l'hydrogène (H_2) et l'oxygène (O_2). Bien entendu, pour que le carburant de synthèse soit écologique, l'électricité utilisée doit provenir de sources renouvelables comme le solaire, l'éolien ou l'hydroélectricité.

Le CO_2 nécessaire pour la fabrication du carburant synthétique peut être capté directement dans l'atmosphère, ce qu'on appelle la DAC (Direct Air Capture), ou bien être récupéré à partir de processus industriels qui en émettent.

Une fois l'hydrogène et le CO_2 disponibles, ils sont combinés à travers un procédé chimique qui convertit ces éléments en hydrocarbures synthétiques liquides ou gazeux, qui peuvent ensuite être raffinés pour créer différents types de carburants, comme de l'essence, du diesel ou du kérosène.

Les carburants synthétiques obtenus peuvent alors être utilisés dans les moteurs à combustion interne traditionnels sans nécessiter de modifications majeures, ce qui les rend particulièrement intéressants pour une transition énergétique sans dépendance immédiate à une nouvelle infrastructure.

Si les carburants de synthèse présentent des avantages immédiats, ils présentent aussi quelques défis.

La production de carburants synthétiques, lorsqu'elle est alimentée par des énergies renouvelables et utilise du CO_2 capté, peut réduire significativement les émissions nettes de gaz à effet de serre, ce qui en fait une solution efficace pour décarboner des secteurs difficiles à électrifier, comme l'aviation ou le transport maritime.

En revanche, la fabrication de ces carburants reste coûteuse et énergivore, en partie à cause du coût élevé de l'électrolyse et de la capture du CO_2. Là encore, pour être véritablement neutre en carbone, l'ensemble du processus doit être alimenté par des sources d'énergie renouvelables.

Dans ces conditions, l'ensemble du système industriel de fabrication du carburant de synthèse conduit à un coût six à huit fois supérieur à celui du kérosène. En outre, les volumes de production restent à ce jour largement insuffisants : 355 à 540 milliards de litres de kérosène ont été consommés en 2023, alors que seulement 600 millions de litres de carburants de synthèse ont été produits au cours de la même année[1].

Le contexte législatif et réglementaire est pourtant favorable aux carburants de synthèse. Les Européens ont décidé d'instaurer une augmentation progressive de la part de carburants alternatifs dans le carburant global. Les États-Unis sont allés beaucoup plus loin en adoptant le *Sustainable Aviation Fuel Grand Challenge* : en 2050, tous les vols intérieurs fonctionneront entièrement aux carburants alternatifs. Cela signifie que le pays produira alors assez de SAF pour pouvoir

1. OPIS, A Dow Jones Company (aegis-hedging.com).

répondre à la totalité de la demande de l'aviation domestique : les Américains vont mobiliser les moyens nécessaires pour créer une filière de production, même s'il est à craindre que le focus soit mis sur la production de biocarburants, avec les conséquences négatives que l'on sait sur l'agriculture mondiale.

De nombreux pays dans le monde réfléchissent à des projets de production, mais toutes les conditions ne sont pas encore réunies. Il manque encore des stratégies nationales pour développer une filière dédiée, accompagnées d'objectifs chiffrés et de mesures spécifiques de soutien.

Ces difficultés ne suffisent pourtant pas à disqualifier ce type de carburant comme substitut du kérosène. Aucun des obstacles évoqués ne saurait être insurmontable, au moins à long terme. Là encore, on voit que le facteur temps est résolument au centre de la question d'une transition réussie dans les délais impartis – un nouvel argument en faveur d'un développement urgent et massif de nouveaux puits de carbone.

Les carburants alternatifs

Si l'on ne dispose pas aujourd'hui de structures de production suffisantes pour fabriquer tout le carburant de synthèse nécessaire à l'aviation mondiale, on peut toutefois imaginer que dans cinquante ans on aura produit beaucoup plus d'électricité verte, que les processus industriels se seront améliorés, et qu'on pourra faire voler les avions actuels au carburant de synthèse, sans qu'il soit nécessaire de les remplacer.

Le nœud de la production d'hydrogène vert pourrait être tranché avec la montée en puissance des centrales nucléaires, des centrales solaires, qui vont peu à peu se développer dans le monde et produire une grande quantité d'électricité verte. Selon les experts, cette électricité verte pourrait se substituer aux hydrocarbures fossiles utilisés dans l'industrie, de façon plus simple et en consommation directe vers 2050. À condition bien sûr que les progrès technologiques et les investissements dans les infrastructures soient au rendez-vous.

S'agissant du coût de l'hydrogène vert, là encore, la solution s'annonce proche, grâce à deux facteurs.

Premièrement, le prix : les hydrocarbures vont être de plus en plus taxés dans le monde à cause du réchauffement climatique. Aujourd'hui, le kérosène est exonéré de taxes carbone pour des raisons de conventions internationales, mais cela ne durera pas.

Ensuite, la technologie. On peut parier sans grand risque que les progrès technologiques vont permettre de diminuer le prix de revient de la production de carburant de synthèse. Ces prix ne baisseront sans doute pas jusqu'à atteindre ceux du kérosène aujourd'hui, mais on peut vraisemblablement compter sur une division par deux du prix de l'e-carburant à long terme, qui dès lors ne coûterait plus que quatre fois le prix du kérosène.

Et comme par ailleurs la hausse des taxes et la raréfaction du pétrole auront multiplié par deux le prix du kérosène, le rapport entre les deux deviendra très acceptable. Ce scénario est plus que vraisemblable à un horizon de quarante ou cinquante ans. Et, grâce aux multiples leviers évoqués précédemment, on peut estimer que la moitié de la consommation de carburant par an aura été économisée.

Pour conclure, insistons sur un fait : il ne s'agit pas ici seulement de prospectives.

Réaliser une économie de 50 % du volume de carburant consommé est possible si on le décide politiquement et technologiquement. En matière de trajectoires directes, de vols sans escale, d'électrification du roulage au sol, tout reste à faire, mais déjà beaucoup de compagnies aériennes y travaillent. Néanmoins, on peut estimer que, d'ici 2050, le trafic aérien aura doublé et donc que les économies réalisées auront simplement permis la stabilité des émissions du secteur. Dans ce contexte, les biocarburants et les carburants de synthèse constituent bien des solutions concrètes complémentaires, puisque la décarbonation la plus aboutie ne sera pas possible sans leur utilisation. Les législations européenne et américaine ont d'ailleurs commencé à imposer une part de ces carburants alternatifs dans le combustible consommé.

Décarboner l'avion, une utopie?

Aussi séduisante qu'elle soit, l'idée de faire voler tous les avions du monde au carburant de synthèse reste évidemment, à ce jour, une hypothèse théorique. Selon les experts, cela supposerait en effet d'utiliser environ une fois et demie la quantité d'électricité actuellement disponible à l'échelle mondiale pour produire le carburant nécessaire au trafic aérien[1]. Irréaliste aujourd'hui, il n'est toutefois pas impensable d'imaginer que le carburant de synthèse permette un jour de contribuer significativement à la décarbonation de l'aviation. Comme on l'a dit, la production d'énergie verte est appelée à se développer: éolien, solaire, biomasse, hydrogène vert, nucléaire… et si la fusion nucléaire devenait prochainement réalité, il serait possible de générer une quantité d'électricité verte quasiment illimitée, sans peser sur les ressources mondiales. Ensuite, on peut prédire sans grand risque que les progrès technologiques permettront de faire voler les avions de manière plus écologique: avions électriques, avions solaires, avions à hydrogène, avions hybrides électriques-solaires, etc.

1. La production mondiale d'électricité en 2022 était d'environ 28 000 TWh. Pour faire voler 100 % des avions au carburant de synthèse, il faudrait environ 45 000 TWh d'électricité décarbonée par an, soit environ 1,6 fois la production mondiale totale d'électricité actuelle (ember-climate.org/insights/research/global-electricity-review-2023/) ; https://www.iea.org/reports/electricity-market-report-2023/executive-summary).

À court terme, on pourrait donc envisager une phase où l'aviation profiterait largement des projets de captation de CO_2, tels que les vastes programmes de forestation proposés précédemment, avant de passer à une utilisation progressive de carburants de synthèse, à mesure que les technologies avanceront et que les capacités de production d'électricité verte augmenteront. Parce que cette perspective semble encore lointaine, il est crucial pour l'industrie aéronautique de gagner du temps, peut-être même plus que d'autres secteurs.

Hélas, si l'ensemble des pistes évoquées pour décarboner le transport aérien ne sont pas rapidement et massivement déployées, si la technologie stagne, si l'énergie verte ne se substitue pas suffisamment au kérosène et que le trafic poursuit sa progression, alors la seule solution pour décarboner le secteur sera d'envisager une régulation par le prix.

S'adapter pour ne pas être punis

De toute évidence, la régulation par le prix est une hypothèse peu démocratique et infiniment moins prometteuse que la réduction des émissions par tous les moyens évoqués. Elle favorisera évidemment les plus aisés, sans empêcher les autres de voyager… mais moins souvent. Cette régulation reste toujours préférable à la limitation de l'usage de l'avion à quatre vols par vie et par personne comme on a pu l'entendre. Une mesure évidemment inapplicable au plan mondial et promise à de nombreux contournements, comme on a pu tristement le constater avec les crédits carbone. Mais dès à présent, rien n'empêche de faire preuve d'imagination. Par exemple, plutôt que d'interdire les jets privés qui produisent des émissions de CO_2 démesurées par passager, on pourrait proposer qu'ils fonctionnent exclusivement avec du carburant alternatif dans les cinq ans à venir.

Une chose est hélas certaine : si, dans les dix ans qui viennent, nous ne sommes pas capables d'agir drastiquement en faveur d'une réduction maximale des émissions de l'avion, les États et les gouvernements n'auront d'autre issue que d'imposer des quotas, des interdictions et des taxes. L'industrie aérienne est désormais au pied du mur.

Il y a quelques années, l'Association du transport aérien international (IATA) avait proposé un plan de décarbonation qui visait seulement la moitié des objectifs du GIEC en 2050. Il y a quatre ans, l'organisation a changé de point de vue : l'objectif est désormais de 100 %.

Nous restons toutefois raisonnablement optimistes. Aujourd'hui, le trafic aérien augmente, mais nous pensons que les émissions mondiales vont finir par baisser progressivement d'ici deux à trois ans. Ainsi, les États-Unis diminuent effectivement leurs émissions (la réduction des gaz à effet de serre a été de 1,9 % en 2023) et ils ont fixé pour la première fois des limites d'émissions de CO_2 pour leurs centrales à charbon. L'Europe également s'est donné pour objectif de réduire ses émissions nettes de gaz à effet de serre d'au moins 55 % d'ici à 2030. Enfin, en Chine, les investissements massifs dans les énergies renouvelables vont entraîner une diminution de la production d'électricité à partir de combustibles fossiles et bientôt un déclin structurel et durable des émissions de CO_2, avec un objectif de neutralité carbone en 2060.

Les compagnies aériennes se mobilisent de leur côté, conscientes d'avoir un rôle actif à jouer dans la transition vers une industrie aéronautique plus durable. C'est le cas de British Airways, qui s'est engagée à atteindre la neutralité carbone en 2050. Dans ce but, l'entreprise a décidé de consacrer 9 millions de livres sterling (plus de 10 millions d'euros) à la capture et l'élimination de carbone, grâce à la combinaison de stratégies variées.

En Écosse, elle investit dans la captation des émissions de CO_2 des distilleries de whisky pour les réutiliser dans la fabrication de matériaux de construction et dans des projets de reforestation à haute durabilité, qui augmente la superficie des terres forestières. Au Royaume-Uni, elle mise sur des solutions d'altération des roches pour emprisonner le carbone pendant des milliers d'années. Au Canada, elle participe à la capture du carbone des rivières et des océans. En Inde, elle finance un projet de biochar qui améliore la biodiversité des sols et les rendements agricoles, tout en autonomisant les agriculteurs locaux, etc.

Bien entendu, le résultat de ces initiatives reste encore modeste au regard des émissions totales de la compagnie. Toutefois, en contribuant à la stimulation du marché de l'élimination du carbone, l'entreprise confirme que l'aviation n'a pas d'autres voies vers la neutralité carbone que l'élimination progressive de ses gaz à effet de serre.

À l'évidence, la décarbonation totale de l'avion n'est pas réaliste à ce jour, mais on peut assurément réduire son empreinte carbone. Et dans un modèle économique dont l'un des objectifs majeurs est la décarbonation, il faut considérer l'équilibre global de l'ensemble des secteurs. Il apparaît évident, logique et rationnel de compenser les uns par les autres, pour peu que l'utilité des secteurs émetteurs soit démontrée.

Et si on acceptait l'idée d'une compensation intersectorielle ?

Autrement dit, est-il possible que les progrès réalisés par certains secteurs en matière de décarbonation compensent les défis insurmontables rencontrés par d'autres domaines ? On voit qu'à terme certains secteurs pourraient atteindre la neutralité carbone. Cela pourrait être le cas du logement et de l'industrie, par exemple.

En matière de logement, on peut en effet trouver des solutions décarbonées, en rénovation comme en construction neuve. Pensons à la sobriété en énergie et en matière des bâtiments, à l'utilisation d'énergies décarbonées (électrification des usages hors chauffage, sortie du fioul et des autres produits pétroliers), à l'emploi de produits de construction et d'équipements performants et bas-carbone (chauffage et eau chaude sanitaire : réseaux de chaleur urbains, pompes à chaleur performantes pour les logements collectifs, pompes à chaleur et biomasse pour les maisons individuelles, avec en complément des systèmes solaires thermiques et géothermiques)…

Un autre exemple, l'industrie. Elle représente aujourd'hui 20 % des émissions dans le territoire français, bien plus que son poids économique. L'enjeu de sa décarbonation est décisif, puisqu'elle doit à la fois rendre sa propre production indépendante des intrants fossiles et permettre aux autres secteurs économiques de se transformer eux-mêmes, en leur fournissant les biens et les infrastructures dont ils ont besoin pour décarboner leur activité.

Les travaux du Shift Project[1] ont établi qu'il est possible d'atteindre l'objectif de réduire de 80 % les émissions carbonées d'ici à 2050, grâce à trois leviers. D'abord, le progrès continu (efficacité énergétique, changement des combustibles des fours, recyclage mécanique, etc.) permet d'assurer 40 % de la tâche globale de décarbonation de ce secteur. Ensuite, la mobilisation des leviers de rupture technologique (recours à l'hydrogène produit par électrolyse, recours au captage et à la séquestration du carbone, recyclage chimique, etc.) effectue 40 % de la décarbonation de ce secteur. Enfin, les leviers de sobriété (sobriété sur les emballages plastiques, sobriété imposée par

1. The Shift Project, « Décarboner l'industrie sans la saborder », janvier 2022.

la construction neuve, etc.) permettent d'assurer les 20 % restants de décarbonation.

Bien d'autres secteurs économiques pourront de même atteindre une empreinte net zéro carbone, à l'exception sans doute de deux activités majeures, l'agriculture et l'aviation.

Pour préserver ces secteurs, s'autorisera-t-on à leur allouer les émissions négatives évoquées par le GIEC, provenant d'autres activités, de puits naturels et de puits construits par l'homme, comme ceux proposés dans la première partie de ce livre ?

La seule manière de répondre à cette question est de parvenir à démontrer l'utilité sociale de l'avion.

Quelle utilité sociale pour l'avion ?

Commençons par corriger une idée reçue, fréquemment utilisée par les contempteurs de l'avion. Les 4 % d'impact sur le réchauffement climatique imputables au trafic aérien ne résultent pas seulement des déplacements des populations les plus aisées. L'usage de l'avion se répartit en effet de la manière suivante : 40 % pour le tourisme, 40 % pour le business et 20 % pour des nécessités de regroupement familial. En 2023, on estime ainsi qu'environ 10 % de la population mondiale a pris l'avion au moins une fois dans l'année, pour un total de 4,3 milliards de voyages unitaires.

Le secteur de l'aviation emploie directement environ 11,3 millions de personnes dans le monde.

Cela inclut des emplois au sein des compagnies aériennes, des prestataires de services de navigation aérienne, des opérateurs d'aéroport, ainsi que dans le secteur de l'aérospatiale civile, qui comprend la fabrication de systèmes et composants aéronautiques.

En outre, le secteur soutient environ 18,1 millions d'emplois indirects à travers la chaîne d'approvisionnement, ainsi que 13,5 millions d'emplois induits grâce aux dépenses des salariés.

Enfin, l'industrie de l'aviation stimule le secteur touristique, qui génère environ 87,7 millions d'emplois dans le monde entier[1].

C'est en effet le tourisme, première industrie mondiale, qui porte aujourd'hui l'essentiel de la croissance du trafic aérien. En effet, les déplacements professionnels ont tendance à augmenter moins fortement grâce au développement du numérique. D'autre part, la courbe des déplacements personnels est d'autant moins ascendante que la courbe de la démographie mondiale va s'inverser : les dernières projections[2] mettent en avant une baisse de la fécondité tout à fait remarquable.

Au fond, on peut considérer que l'avion possède trois utilités sociales, ce qui est rare parmi les activités

---

1. ATAG :www.atag.org/facts-figures et Careers in aerospace : www.careersinaerospace.com/employment-in-aviation/.
2. Travaux des chercheurs de l'initiative Earth4All pour la Global Challenges Foundation : https://globalchallenges.org/updates/experts-predicts-peak-global-population.

économiques, qui en général n'ont pas d'autre caractéristique que leur propre utilité économique.

Tout d'abord, il sous-tend la première industrie mondiale qu'est le tourisme : 58 % des touristes dans le monde prennent l'avion, rappelle l'Organisation mondiale du tourisme. Dans un article paru en juillet 2024, *The Conversation* précise qu'on « estime à 1,3 milliard le nombre de voyages touristiques internationaux en 2023. Ces touristes ont dépensé plus de 1 500 milliards de dollars (environ 1 400 milliards d'euros) lors de leurs voyages : c'est à peu près la taille de l'économie espagnole. » La publication ajoute : « En outre, puisque les voyageurs internationaux gagnent de l'argent dans leur pays d'origine et le dépensent dans un autre, le tourisme international est considéré comme une exportation pour les pays d'accueil. En 2022, les touristes internationaux ont dépensé près de 370 milliards d'euros dans les 27 pays de l'UE. Ces recettes d'exportation permettent d'équilibrer le coût des importations et de payer des produits tels que la nourriture et le carburant qui ne sont pas disponibles localement. »

Le tourisme représente aujourd'hui 10 % des emplois dans le monde : un emploi sur 10 ! On estime qu'un emploi lié stricto sensu au tourisme génère au moins 1,5 emploi indirect. Cela représentait en 2023 plus de 230 millions de travailleurs[1]. L'avion permet

1. OIT, 26 septembre 2023. Voir ilostat.ilo.org/blog/how-data-can-bolster-decent-work-in-the-tourism-sector/.

d'envoyer des touristes partout dans le monde, d'en recevoir, et fait travailler dans une proportion importante les peuples du Sud. En Malaisie, en Islande, aux Philippines, aux Maldives, au Chili, au Costa Rica, aussi en Polynésie française ou en Martinique, en Égypte, au Sri Lanka, dans toutes ces régions, le tourisme est une activité principale. Le secteur contribue fortement à la création d'emplois, en particulier pour les femmes et les jeunes, pour des personnes sans formation, et en tant que source de diversification économique, en particulier dans les villes ou les villages situés dans des zones rurales et isolées. Ces emplois sont non délocalisables et très peu publics. L'avion irrigue ainsi de nombreux secteurs économiques : l'hébergement et la restauration en premier lieu, mais aussi l'artisanat, l'agriculture, de nombreux services aux particuliers... Indispensable, le tourisme est un facteur puissant de développement des territoires.

Deuxième utilité sociale, l'avion permet l'échange des cultures. Voyager participe de la compréhension des autres cultures, contribue au rapprochement des peuples et à la tolérance, à l'ouverture aux autres.

Cet argument est souvent balayé d'un revers de main par ceux qui prétendent qu'une grande partie de ceux qui voyagent ne s'intéressent pas aux cultures des autres. Nous pensons, à l'inverse, que ces comportements sont le fait d'une minorité. Une enquête réalisée auprès de voyageurs du Royaume-Uni, des États-Unis, d'Allemagne, de France, de Chine, d'Inde, du Brésil, du Mexique, des Émirats arabes unis, du Nigeria, d'Afrique du Sud et de Singapour le confirme. Elle montre que, pour 79 % d'entre eux, leurs récents voyages ont élargi leur vision du monde, pour 75 % que les interactions avec les voyageurs leur permettent de mieux comprendre les différents pays et cultures, pour 70 % que les voyages les ont rendus plus empathiques envers les autres, et enfin pour 65 % que les voyages et le tourisme ont amélioré leur tolérance à l'égard des étrangers dans leur région[1].

Enfin, troisième utilité sociale, le voyage lointain constitue un puissant levier d'ouverture d'esprit presque un loisir de première nécessité qui participe à l'équilibre psychique de chaque individu, tout en améliorant son aptitude à mieux s'intégrer dans la société. N'est-ce pas en voyageant qu'on réalise sa propre singularité et qu'on appréhende mieux celle des autres ? Qu'il s'agisse de tourisme, de business ou de remembrement familial, le voyage cultive, instruit et rend plus tolérant. En se confrontant à d'autres visions du monde, le voyageur au long cours élargit nécessairement son champ de vision.

Ces trois utilités sociales fondamentales du voyage distant plaident assurément en faveur de la préservation du trafic aérien qui le rend possible. Pour autant, ne pas réduire ses émissions, urgemment et par tous les moyens, est tout simplement inconcevable.

---

1. Enquête de population d'Economist Impact, avril 2023. https://fr.statista.com/infographie/31962/limpact-social-des-voyages/.

Les différentes pistes évoquées précédemment ne doivent toutefois pas masquer la difficulté de la décarbonation de l'avion. Le bénéfice d'une combinaison des solutions évoquées, progrès technologique, rationalisation des routes aériennes, électrification, amélioration de l'efficacité énergétique, etc., sera sans doute absorbé par la croissance continue du trafic d'ici 2050. Nous pensons que la seule voie possible pour doter le secteur aérien d'une empreinte écologique compatible avec les objectifs mondiaux de lutte contre le dérèglement climatique est l'usage massif des carburants de synthèse. C'est à ce prix que le secteur assurera sa pérennité. C'est à ce prix que le voyage lointain, quelles qu'en soient les raisons, restera une incomparable opportunité offerte à un nombre croissant de femmes et d'hommes cherchant à satisfaire des besoins essentiels : relations, commerce, curiosité, évasion, apprentissage, quête de sens et ouverture aux autres.

Comment mieux le dire qu'Antoine de Saint-Exupéry dans *Terre des hommes* ? « Ce qui importe, ce n'est pas d'arriver mais d'aller vers. »

Ainsi, l'aviation, si la perspective d'une décarbonation n'apparaît pas réalisable à moyen terme, est en chemin pour réduire ses émissions de CO_2. Et sur ce chemin, le stockage du carbone par la reforestation permet de gagner du temps.

L'agriculture constitue une seconde illustration de notre thèse, sur des bases différentes, mais en en démontrant également le bien-fondé.

Peut-on être écologiste et prendre l'avion ?

Oui. Sauf à être un forcené de la décroissance, nous pensons sincèrement que ce mode de transport lointain n'est pas incompatible avec la défense de la planète.

Il existe en effet d'autres voies que l'écologie radicale, comme l'écologie des solutions. C'est celle que nous prônons, la seule issue réaliste pour assurer un développement durable.

Ne nous voilons pas la face.

Chacune de nos actions, qu'il s'agisse de se nourrir, se loger, s'habiller, communiquer ou se déplacer, génère des émissions de CO_2. Le sujet est moins d'arrêter de se comporter, à tort, comme si on vivait dans un monde aux ressources infinies que de trouver des solutions pour assurer la préservation et le développement de l'humanité dans le respect de la planète, notamment en limitant au minimum les émissions de CO_2.

Le dilemme que pose l'usage de l'avion est de même nature que celui de la consommation de viande ou encore de l'utilisation du numérique. Évidemment, la stigmatisation de l'avion est plus commode. Malgré son utilité sociale que nous rappelons, il ne bénéficie qu'à une petite minorité de la population mondiale (5 à 10 % chaque année), son usage est un marqueur social – même si sa démocratisation est enclenchée – et son empreinte écologique par voyageur est particulièrement élevée.

Nous pensons pourtant que cette empreinte n'est pas une fatalité. Les progrès technologiques de la motorisation des avions ou encore l'usage de carburant de synthèse devraient permettre de réduire à terme les émissions d'un mode de transport dont l'utilité sociale justifie la pérennité.
Alors oui, être écologiste et prendre l'avion n'est pas synonyme de renoncement aux objectifs de diminution du CO_2, à condition bien sûr d'en faire un usage raisonné, de n'y recourir que pour de longues distances tout en mettant en place des stratégies qui limitent les émissions comme le choix de vols directs.

2

Le maraîchage bio-intensif : un modèle écologique et rentable

L'agriculture joue un rôle central et paradoxal dans la transition écologique. D'un côté, les sols agricoles peuvent devenir de puissants puits de carbone s'ils sont gérés de manière durable : techniques de conservation, couvertures végétales et pratiques régénératrices permettent une absorption significative du CO_2. De l'autre, une gestion inadaptée – comme le labour intensif, l'usage massif d'engrais chimiques ou de produits phytosanitaires – transforme ces mêmes sols en émetteurs de carbone, aggravant le réchauffement climatique.

La décarbonation massive du secteur agricole restera encore longtemps difficile à généraliser à l'échelle mondiale compte tenu de la complexité des transformations nécessaires. La transition vers des pratiques agricoles durables exigera non seulement des évolutions techniques profondes, mais aussi un temps considérable que nous n'avons pas. D'où la nécessité de gagner du temps pour réussir les transformations nécessaires.

Enfin, au-delà des sols, la production agricole dans son ensemble – qu'il s'agisse de la culture, de la récolte ou de la logistique – contribue également aux émissions de carbone, même dans des systèmes plus vertueux comme le maraîchage biologique que nous décrivons dans ce chapitre. Nous verrons que, bien que cette pratique réduise sensiblement les émissions par rapport à l'agriculture conventionnelle, elle ne les élimine pas totalement. Un constat qui souligne l'urgence d'intégrer des solutions globales d'absorption massive de carbone pour continuer à produire notre alimentation tout en respectant nos objectifs climatiques.

À l'heure où les modèles agricoles traditionnels sont à bout de souffle, le maraîchage bio-intensif se présente comme une alternative novatrice et prometteuse. Écologique, biologique et économiquement viable, c'est un modèle qui renouvelle les pratiques agricoles et attire une nouvelle génération de maraîchers.

La Ferme du Perche en est une illustration parfaite.

Créée en 2019 à l'initiative de Jean-François Rial et de son fils, Tom, la Ferme du Perche avait alors pour ambition de tester grandeur nature la robustesse et la reproductibilité d'un système agricole retrouvé. Après six ans d'exploitation, qu'en est-il ?

Les fondements du maraîchage bio-intensif : histoire et concept

Le maraîchage bio-intensif est un système de culture simple et ancien. Modèle utilisé par les techniques horticoles des maraîchers du Bassin parisien aux XVIIIe et XIXe siècles, il a été affiné et systématisé aux États-Unis à la fin des années 1960 par Alan Chadwick en Californie et Eliot Coleman dans le Maine. Leurs élèves ont lancé un centre d'apprentissage à Stanford en 1972, qui a ensuite été intégré à l'université.

Ce concept d'exploitation a encore été amélioré il y a plus de vingt ans par deux Québécois, Jean-Martin Fortier et Maude-Hélène Desroches, qui ont eux-mêmes fondé en 2000 leur micro-ferme, une ferme maraîchère sur petite surface : Les jardins de la Grelinette. Fortier est à la fois agriculteur, entrepreneur, formateur et écrivain. Son livre *Le Jardinier-maraîcher* est devenu une référence dans l'agriculture biologique sur une superficie limitée. Grâce à lui, des maraîchers du monde entier ont été formés, en Amérique latine, en Nouvelle-Zélande, en Afrique... Ils ont introduit ces méthodes dans leur pays, et ont à leur tour formé d'autres maraîchers. C'est ainsi que s'est développé le modèle de micro-ferme, qui repose sur une agriculture biologique et régénératrice offrant des rendements performants et un excellent bilan carbone.

Dans l'expression bio-intensif, l'adjectif intensif résume l'intégralité du concept, c'est-à-dire l'utilisation totale du sol, sur une petite surface. Les principes du maraîchage bio-intensif reposent en effet sur une utilisation maximale de chaque centimètre carré de terre. Sur une petite parcelle, des cultures sont mélangées et enchaînées, permettant plusieurs récoltes par an.

Trois principes sont essentiels dans ce modèle agricole : un sol préparé avec des outils manuels, une organisation de la ferme à l'échelle de l'homme et standardisée, enfin un plan de rotation des cultures s'appuyant sur un plan du jardin. L'objectif est d'accroître la vie dans le sol et d'utiliser la nature comme alliée pour optimiser les rendements.

Un sol préparé, non travaillé

En premier lieu, le sol est préparé et désherbé sans machine, avec des outils qui utilisent la main de l'homme. Le sol n'est jamais labouré, c'est un principe fondamental. Il est ameubli avec des outils comme la grelinette, un instrument conçu pour aérer le sol sans le retourner, préservant ainsi sa structure et ses micro-organismes. Ce travail de surface facilite la pénétration de l'eau et des racines. Il aide aussi à extraire les « mauvaises herbes » ou plantes adventices et limite leur repousse.

Le désherbage manuel est également réduit par l'utilisation de bâches, de faux-semis et de paillage. Autant de moyens qui luttent efficacement contre la prolifération des mauvaises herbes, qui concurrencent les plantes cultures pour les ressources comme l'eau, les nutriments et la lumière. Le sol est amendé de manière continue en matière organique, pour maintenir sa fertilité et sa structure.

La méthode de travail diffère de celle des fermes biologiques traditionnelles, souvent mécanisées. Bien qu'elles produisent des légumes biologiques, sans herbicides ni pesticides, ces fermes recourent à la mécanisation pour réduire le travail manuel. En quelque sorte, ce sont de grands exploitants maraîchers en modèle réduit.

Dans le maraîchage bio-intensif, les hommes reprennent le travail des machines qui perdent leur efficacité sur des surfaces très restreintes. Considérée habituellement comme un progrès, la machine devient dans ce contexte un handicap auquel s'ajoute le problème de ses émissions de CO_2.

L'organisation spatiale

Ici, pour maximiser l'efficacité du travail, les espaces de culture sont conçus à l'échelle humaine – et non à celle d'un tracteur. L'organisation de la ferme est pensée, réfléchie, élaborée de manière à optimiser les déplacements, donc à gagner du temps : au centre se trouvent les espaces les plus essentiels, comprenant les installations dédiées au conditionnement des légumes et au stockage du matériel. Tout autour, les zones de culture s'étendent, avec une utilisation plus intensive pour celles situées à proximité, tandis que les parcelles moins sollicitées se trouvent en périphérie.

Le terrain est divisé en jardins, idéalement situés à égale distance des infrastructures communes (nettoyage des légumes, stockage du matériel, etc.). Chaque jardin est à son tour subdivisé en planches, c'est-à-dire des plates-bandes permanentes aux dimensions uniformes : 75 centimètres de large (contre 1,2 mètre en maraîchage classique) et 24 mètres de long. La planche devient une unité de mesure.

Entre chaque planche, une allée a été aménagée pour permettre au jardinier de se déplacer pour le désherbage ou la récolte des légumes : ce passe-pied mesure 45 centimètres, une largeur adaptée à celle des caisses utilisées pour ramasser les légumes. Grâce à ce dimensionnement ergonomique, le maraîcher atteint facilement le milieu de la planche. Dernier avantage, les passe-pieds préservent la planche des tassements et évitent ainsi le compactage du sol. Dans le maraîchage mécanisé, c'est la dimension du tracteur et des différentes machines utilisées qui détermine les espacements utilisés.

Les cultures développent rapidement un couvert végétal dense. La forte concentration des plantations restreint l'enherbement et réduit le besoin de désherbage ; la proximité des plants crée un microclimat favorable. La canopée des jeunes pousses, qui se chevauchent à maturité, protège la terre, renforce leur résistance au vent, diminue l'évapotranspiration et conserve l'humidité. De plus, elle génère un ombrage qui limite la croissance des mauvaises herbes. Par ailleurs, la surélévation des planches assure un meilleur drainage et favorise un réchauffement précoce du sol au printemps. Ainsi, on encourage la présence de micro-organismes bénéfiques aux cultures, tout en réduisant les investissements matériels tels que les bâches, les systèmes d'irrigation ou les voiles.

Au total, recouvrir d'une couverture flottante une culture cinq fois plus densément plantée exige cinq fois moins de temps de travail et cinq fois moins d'investissements dans l'achat de matériel.

La standardisation offre de nombreux avantages : une fois la longueur des planches et le plan du jardin définis, ceux-ci sont appliqués uniformément à toutes les zones de culture. Le gain de temps est considérable, car il n'y a aucune perte liée à l'installation du matériel ; les bâches, les voiles, les systèmes d'irrigation et les tunnels sont tous dimensionnés de manière identique.

La planification des cultures et les équipements

La clé de la réussite du maraîchage bio-intensif réside dans la planification très précise du travail, des semis, des cultures et des récoltes. Le maraîchage est un métier minutieux et exigeant, qui requiert une gestion stricte du temps de travail.

Pour assurer une production continue et diversifiée, la rotation des cultures et l'enchaînement des récoltes sont rigoureusement planifiés avec précision.

Un plan de culture est établi. Les cultures sont modifiées chaque année. L'emplacement des légumes est organisé selon une rotation pluriannuelle afin d'améliorer la structure du sol et limiter la propagation des ravageurs et des maladies. Par exemple, les pommes de terre, les aubergines ou les carottes ne sont jamais plantées au même endroit. Dès qu'une production est récoltée, la suivante commence. Cette planification méticuleuse permet d'enchaîner les récoltes sans interruption et maximise l'utilisation de la surface cultivée. Chaque planche de culture peut ainsi accueillir jusqu'à trois cycles de cultures différents par an.

Les équipements nécessaires incluent le matériel d'irrigation, les voiles de forçage, les caisses de récolte, les serres et tunnels, ainsi que la station de lavage et les chambres froides. La bâche d'ensilage joue un rôle crucial en occultant la végétation adventice et en favorisant un microclimat propice aux cultures. Les serres et tunnels prolongent la saison de culture et protègent les plantes des intempéries, tandis que la station de lavage et les chambres froides assurent la qualité et la fraîcheur des légumes jusqu'à leur commercialisation.

La gestion participative et le Lean farming

Pour optimiser la gestion et l'efficacité, la Ferme du Perche a adopté une méthode inspirée du *Lean*, le *Lean farming*. La méthode *Lean*, initialement développée par Toyota, vise à maximiser la valeur pour le client tout en minimisant le gaspillage. Appliquée au maraîchage, elle consiste à cartographier toutes les étapes nécessaires à la production pour identifier les parties qui ajoutent de la valeur. Les processus sont ensuite organisés de manière à créer un flux continu et ininterrompu de production, et chaque employé est encouragé à suggérer et mettre en œuvre des améliorations.

Le *Lean farming* a permis de mettre en place à la Ferme du Perche une gestion participative qui responsabilise les employés et favorise une organisation verticale. Le gaspillage est éradiqué à toutes les étapes de production, tout est pensé au plus juste. Par exemple, les outils et les équipements sont systématiquement rangés de manière à être facilement accessibles. Les 10 % des outils qui servent à 90 % des usages doivent être à portée de main, tandis que les 90 % restants, qui servent à 10 % des usages, sont rangés loin des yeux. Chaque chose a une place et chaque chose est à sa place. Le rangement, un sujet qui pourrait paraître anecdotique, est pourtant essentiel dans cette organisation, des champs aux bâtiments, des serres au bureau. Le temps de rangement est d'ailleurs intégré dans le planning de travail.

Cette organisation méticuleuse offre de nombreux avantages : elle simplifie la gestion quotidienne, réduit les pertes de temps, minimise le stress et maximise l'efficacité de chaque ressource. L'optimisation du temps et des espaces est résolument un des éléments essentiels du maraîchage bio-intensif. Sur ce point, le *Lean farming* se situe évidemment à l'opposé d'une agriculture désorganisée.

Chris Blanchard, l'un des leaders de l'agriculture bio dans le monde, dit très justement : « Les fermes sont comparables à des enfants de deux ans. Ils font beaucoup de bruit et sont très insistants sur leurs besoins et ce qu'ils veulent de vous. Si vous ne posez pas des limites, vous allez être l'esclave d'un enfant de deux ans[1]. »

Une culture intensive

On l'a compris, le maraîchage bio-intensif n'est pas une agriculture intensive, mais un système d'exploitation agricole centré sur l'utilisation optimale des surfaces. Sa forte productivité ne doit rien à l'utilisation d'engrais, mais à la manière de travailler, avec une mécanisation minime.

Dans un modèle agricole classique, une partie de la surface au sol doit être réservée à la circulation des machines, de sorte que l'agriculture conventionnelle consacre une moins grande part de la surface aux plantations que le maraîchage bio-intensif.

Le principe de la rotation des cultures permet d'enrichir l'éventail des légumes produits d'une haute qualité nutritionnelle et gustative.

Pendant l'hiver, il n'y a plus de production, et bien entendu il n'est pas question de produire des tomates sous serres chauffées. Cette basse saison est mise à profit pour vendre une partie de la récolte abondante de l'été qui a été mise en bocaux.

---

1. « *Farms are like two-year-olds. They're very loud and very insistent about what they need and what they want from you. If you don't set some limits, you're going to be a slave to the two-year-old* » ; voir www.pecansouthmagazine.com/magazine/article/training-pecan-trees-setting-some-limits/.

La surface de culture est optimisée au maximum pour permettre à la biodiversité de s'épanouir tout autour. Un lieu propice à la vie a été créé par l'aménagement d'espaces pour qu'elle puisse s'exprimer : haies bocagères, zones humides, nichoirs, etc. Des plantes mellifères ont également été introduites : le trèfle, le tournesol, la lavande, le thym et le colza produisent une quantité abondante de nectar et de pollen, attirant les abeilles et d'autres insectes pollinisateurs ; essentielles pour l'écosystème, ces plantes fournissent une nourriture indispensable aux insectes, qui, en retour, pollinisent les cultures agricoles et les plantes sauvages. 1 500 arbres ont été plantés chaque année ; on en compte aujourd'hui plus de 5 000. Un étang a également été creusé, à la fois pour favoriser la biodiversité et pour constituer un stock d'eau. Tout l'enjeu est de laisser la nature faire et produire.

En termes de résultats, on ne peut que constater que les rendements du maraîchage bio-intensif sont nettement supérieurs à ceux de l'agriculture conventionnelle. Les calculs montrent que, sur une surface d'un hectare, une exploitation comme la Ferme du Perche produit trois à quatre fois plus de légumes qu'une exploitation traditionnelle. Ce modèle de maraîchage biologique prouve sans ambiguïté qu'il peut être une solution performante pour nourrir une part croissante de la population tout en favorisant une biodiversité riche et en préservant la santé des sols.

On peut même dire que la haute productivité du maraîchage bio-intensif illustre à elle seule une exception aux performances souvent comparées de l'agriculture biologique et de l'agriculture conventionnelle. Les rendements des grandes cultures issues de l'agriculture biologique, même s'ils évoluent d'une année à l'autre, sont en effet inférieurs à ceux qui sont obtenus en agriculture conventionnelle[1]. Ils sont assez stables dans le temps, et varient selon les espèces cultivées : 28 % pour le tournesol, 31 % pour le maïs grain et pour le soja, jusqu'à 57 % pour le blé tendre. Les écarts sont plus élevés pour les cultures d'hiver, car l'absence de traitements phytosanitaires de synthèse en agriculture biologique rend les cultures plus sensibles aux conséquences des intempéries.

L'agriculture de conservation pour favoriser la biodiversité

Le maraîchage bio-intensif est un système qui régénère les sols et la vie. Le choix de ne pas utiliser de machines a pour effet essentiel, et pour raison d'être, de ne pas labourer le sol.

Travailler le sol, c'est tuer la vie

Les scientifiques l'ont prouvé, et chacun de nous peut s'en rendre compte en mettant la main dans la terre : il y a une vie dans le sol. La vie que nous y

1. Voir https://agreste.agriculture.gouv.fr/agreste-web/download/publication/publie/Pri2308/Primeur2023-8_RendementsGdes-Cultures.pdf.

voyons et surtout, en quantité bien plus importante, celle que nous ne voyons pas. C'est cette vie qui permet au sol de produire, et c'est cette vie que le labourage détruit. Quand un agriculteur retourne un champ, paradoxalement il tue la vie de son sol qui devrait lui permettre de produire ses céréales, ses légumineuses, ses légumes, etc. C'est pour cette raison qu'il est obligé de recourir massivement aux engrais avec les conséquences que l'on sait, pollution aux nitrates des cours d'eau, effets sanitaires sur les utilisateurs, etc. Si l'on veut revitaliser les sols agricoles et favoriser la biodiversité sur nos fermes, il faut cesser de labourer.

La vie du sol invisible à nos yeux est la plus importante, à la fois en diversité et en nombre d'individus, qu'il s'agisse du mycélium des champignons, des bactéries ou des amibes[1]. Le sol contient une infinité de communautés vivantes, imperceptibles en dépit de leur quantité et de leur foisonnement. Dans un seul gramme de sol vivent des millions de bactéries et de champignons. Il est au cœur du système de production.

Dans le sol, vivent aussi les plantes dont un tiers est constitué de racines. Et des animaux : évidemment, ceux que nous voyons, comme les taupes, les campagnols, les vers de terre et tous ceux, beaucoup plus nombreux, qui sont invisibles à l'œil nu, les insectes, les acariens, etc. Sur une surface d'un hectare, on trouve environ 1,5 tonne de bactéries, 3,5 tonnes de

1. Marc-André Selosse, « Les sols ont aussi une écologie », www.youtube.com/watch?v=gTy4wB557Lc.

champignons, 5 tonnes de racines, de 1 à 5 tonnes d'animaux. On estime que le sol abrite entre 50 et 75 % de la masse vivante sur la planète.

Marc-André Selosse, professeur du Muséum national d'histoire naturelle, étudie particulièrement le rôle écologique des symbioses entre les plantes et les champignons du sol. De ses travaux, il a tiré des enseignements essentiels : « Les sols sont une partie majeure des écosystèmes terrestres. Leur écologie, c'est-à-dire les relations des êtres vivants du sol entre eux et avec les composants physiques, permet leur fonctionnement et leur fertilité. Elle joue aussi sur le cycle de l'eau, le climat et l'alimentation humaine. La connaissance de la vie dans les sols et de ses rôles a prodigieusement évolué ces dernières années, grâce aux outils ADN. Aujourd'hui, la somme des connaissances acquises permet de revisiter la pertinence des gestes agricoles classiques et d'en imaginer de nouveaux[1]. »

La vie foisonnante dans le sol

Cette biodiversité très riche fait la valeur de nos sols et participe à leur fertilité ; conséquence logique, elle contribue aussi à la qualité de notre alimentation. C'est un élément essentiel de la préservation de notre environnement. La qualité du sol favorise en effet la

1. Voir www.gis-relance-agronomique.fr/projets-pndar-casdar/journees-pndar-casdar/journee-casdar-2023.

régulation du climat, le stockage du carbone, la qualité de l'eau et diminue les risques d'inondation et d'érosion.

En quoi consiste cette vie dans et sur les sols[1] ? Elle est multiple et englobe plusieurs processus : les plantes apportent des nutriments au sol par l'intermédiaire de leurs racines, puisque 10 à 40 % de l'énergie de la photosynthèse est dirigée vers le sol ; les micro-organismes et les plantes fixent l'azote gazeux et minéral ; la respiration des organismes se déroule grâce à la présence d'air dans les sols ; les résidus de décomposition fournissent des aliments essentiels à la vie ; l'altération de la roche mère se produit, non seulement par l'action de l'eau, mais surtout grâce aux microbes qui accélèrent la dissolution de la roche, etc. Tous ces phénomènes contribuent à la fertilité des sols.

On connaît Darwin pour sa théorie de l'évolution, mais moins pour le dernier livre qu'il écrivit, *La Formation de la terre végétale par l'action des vers de terre*. Rédigé à partir des observations qu'il avait accumulées tout au long de sa vie, il a bouleversé l'opinion jusque-là unanimement répandue selon laquelle les vers de terre étaient nuisibles pour établir, au contraire, qu'ils sont les artisans de la constitution des sols. On compte en moyenne 5 millions de vers de terre par hectare sous une surface herbeuse non travaillée.

---

1. La source essentielle ici est l'ensemble des travaux de l'INRAE, *cf.* www.inrae.fr/actualites/richesses-insoupconnees-du-sol.

Nous commençons seulement depuis quelques dizaines d'années à entrevoir la puissance extraordinaire de la nature, grâce à la très grande complexité et à la diversité de ses processus. On peut en voir une illustration à travers l'association de la plante et du champignon – que les savants appellent mycorhizes –, qui a lieu au niveau des racines. Cette association apparaît simple quand on s'en tient à la nature des échanges : la plante apporte les sucres et le champignon fournit l'eau et les sels minéraux, mais quand on calcule son rendement, on comprend que l'intérêt de cette association défie tout ce que les financiers pourraient espérer : 100 000 000 % ! Le calcul de ce rendement associatif est simple : le champignon accroît le contact avec le sol d'un facteur 10 000, et son coût pour produire et développer ses filaments (« hyphes »), qui sont beaucoup plus fins que des racines de plantes, est 100 fois moindre. L'analogie avec un placement n'est pas si incongrue. La plante fournit du sucre au champignon et elle récupère de l'eau et des sels minéraux de manière 1 million de fois plus efficiente que si elle l'avait fait seule. De plus, ce financier ne se contente pas d'apporter des rendements astronomiques, il est aussi un garde du corps incroyable, puisque le champignon apporte à la plante une protection phytosanitaire contre ses agresseurs[1].

Les habitats bactériens des sols français ont été définis en 2018 dans l'*Atlas français des bactéries du*

1. La coévolution plante-champignon et les mécanismes de sélection naturelle expliquent ce phénomène de protection phytosanitaire.

sol, premier ouvrage à inventorier l'ensemble de la diversité microbienne à l'échelle d'un pays, et ceux des champignons en 2024[1]. La France a ainsi été le premier pays à déterminer les habitats microbiens du sol à l'échelle de son territoire national ; elle possède aujourd'hui tous les outils pour définir une politique de protection de la biodiversité de ses sols.

Les recherches de l'INRAE, menées pendant quinze ans sur plusieurs milliers d'échantillons de sols prélevés dans tout le pays, ont établi que, si les sols français ne sont pas morts, si on trouve de la diversité et de l'abondance microbienne dans tous les milieux, les sols agricoles ou viticoles présentent une abondance microbienne moindre que ceux des forêts. Et un changement de pratiques serait nécessaire – et suffisant – pour rétablir cette richesse dans ces milieux perturbés. Changer de pratiques, c'est-à-dire, comme le prônent les chercheurs de l'INRAE, limiter au maximum le travail du sol. Pourquoi ? « Parce qu'en remuant la terre, par exemple lors des labours, on casse les macrostructures, les agrégats. Autrement dit, on détruit la "maison" des micro-organismes. »

Les conséquences sont doublement néfastes : « Non seulement on perd de la biodiversité, avec notamment la disparition d'espèces capables de dégrader les

1. INRAE, *Atlas français des champignons du sol*, 2018, www.inrae.fr/actualites/atlas-francais-champignons-du-sol. Muséum national d'histoire naturelle, *Atlas français des bactéries du sol*, 2024, https://sciencepress.mnhn.fr/fr/collections/hors-collection/atlas-francais-des-bacteries-du-sol.

polluants, mais cette pratique favorise l'émergence de bactéries pathogènes qualifiées de stratèges opportunistes, qui sont promptes à coloniser les environnements perturbés… et qu'il faudra combattre à l'aide d'intrants chimiques ! »

Les avantages de l'agriculture de conservation

L'agriculture doit conserver et non détruire. L'agriculture de conservation a été officiellement définie comme un ensemble de techniques permettant de régénérer les terres dégradées et de prévenir les pertes de terres arables.

Elle repose sur trois principes majeurs[1], l'arrêt du travail du sol, la couverture du sol, la diversification des cultures et leur rotation. La combinaison de ces trois principes limite la végétation adventice et diminue la pression des ravageurs. Un cercle vertueux se met alors en place et les régulations écologiques permettent de diminuer l'artificialisation du milieu comme l'utilisation d'engrais.

Le premier principe consiste, comme on l'a vu, à abandonner le travail du sol pour préserver sa biodiversité, son fonctionnement et sa fertilité, et semer directement, ce qui limite la perturbation mécanique au dépôt de la semence dans le sol. Il faut imaginer les réseaux extrêmement denses et étendus

1. « Caractérisation des bénéfices de l'agriculture de conservation des sols sur leur structure et leur fonctionnement », www.gis-relance-agronomique.fr/content/download/4386/42673?version=1.

que constituent les champignons dans la terre pour comprendre les dommages colossaux que peut causer le soc d'une charrue ou d'un tracteur qui découpe ces filaments et change le milieu en retournant la terre. Le travail du sol réduit fortement le nombre d'espèces de champignons. Or, la vie, c'est la diversité. La diminution du nombre d'espèces appauvrit la vie, et les plantes perdent les partenaires avec lesquels elles ont évolué pendant des centaines de millions d'années.

Non seulement le travail des sols perturbe la vie du sol, mais il détruit aussi la matière organique. On estime que la moitié de cette matière a été perdue en moyenne en France depuis que l'on mesure ce taux, c'est-à-dire depuis moins d'une centaine d'années. Sans le savoir, l'homme agit alors de manière nuisible : il essaye de contrebalancer ces déséquilibres en apportant, par l'irrigation, par les engrais, les éléments qui avaient toujours été naturellement apportés par les champignons et le sol naturel.

Il faut enfin rappeler que le travail des sols constitue une source importante d'érosion. Nous nous sommes habitués à l'aspect boueux de nos rivières et de nos fleuves, mais nous sommes-nous déjà demandé d'où vient cette terre en suspension dans les eaux ? Les sols sont souvent compactés par le travail qu'on leur fait subir et la vie qu'ils abritent, créant de minuscules conduites propres à favoriser l'infiltration de l'eau, est altérée. Dès lors, les sols n'absorbent plus l'eau de pluie lorsqu'elle devient trop abondante. Les scientifiques soulignent que le changement climatique se traduit notamment par une intensification des précipitations. Si les pratiques agricoles conventionnelles actuelles se maintiennent, le taux d'érosion risque d'augmenter au fil du temps.

Le deuxième principe consiste à assurer une couverture permanente du sol, par des couverts végétaux ou des résidus de culture, ce qui permet la protection physique, le maintien de l'humidité et de la température tout en luttant contre l'érosion. Cette couverture possède un autre avantage que les chercheurs ont découvert assez récemment : elle crée les conditions nécessaires pour qu'une certaine famille de bactéries, présentes sur le sol et qui ne peuvent vivre à la lumière, fixe l'azote contenu dans l'air et engage ainsi la première étape de la minéralisation de cet élément essentiel à la croissance des plantes. Or, comme on l'a dit plus haut, l'agriculture conventionnelle apporte massivement cet élément sous forme d'engrais azotés, ce qui contribue à deux phénomènes majeurs. Le premier, désormais connu, est la contribution des excès d'azote au changement climatique. La combinaison de l'azote et de l'eau produit en effet un gaz au pouvoir radiatif redoutable, le protoxyde d'azote (N_2O), environ 300 fois supérieur à celui du dioxyde de carbone (CO_2). Le second effet est moins connu, mais bien documenté : la fréquence des associations entre les racines des plantes et des champignons diminue fortement quand des engrais minéraux sont apportés à la plante. Cela s'explique ainsi : à partir du moment où la plante reçoit une ration de ces engrais, elle n'a plus de raison de céder des sucres aux champignons dont elle recevait en échange des sels minéraux. Et donc l'association de la plante et du champignon cesse de fonctionner. Or le champignon n'apporte pas que ces sels minéraux, il a de nombreuses autres fonctions, dont celle de fournir une protection phytosanitaire à la plante. Quand cette fonction disparaît, que fait l'homme ? Il corrige cette carence en apportant des pesticides qui sauvent les plantes cultivées… et tuent la vie qui les entoure.

Le troisième principe concerne la rotation et la diversification des cultures.

Dès les débuts de l'agriculture, l'homme a découvert empiriquement les bienfaits de la rotation des cultures. Il a également observé, toujours de façon empirique, les interactions positives ou négatives entre différentes familles de plantes. En diversifiant les espèces cultivées, on peut non seulement limiter les maladies, mais aussi tirer parti de leurs complémentarités. Des études ont démontré que de tels systèmes favorisent une augmentation de la biomasse microbienne dans le sol et améliorent sa capacité d'infiltration, renforçant ainsi sa résilience face aux fortes précipitations.

Le maraîchage bio-intensif à la Ferme du Perche

Créée en 2018, la Ferme du Perche est une ferme en agriculture biologique établie sur des terres anciennement utilisées pour le pâturage. Ce choix a permis de bénéficier d'une terre de qualité et d'un faible impact carbone initial. Remarquons au passage que si réduire la consommation de viande est essentiel, l'élevage reste nécessaire pour nourrir les sols et produire des légumes sur un cycle autonome et durable.

Comme on l'a dit, la ferme fonctionne sans tracteur et avec une mécanisation minimale, en privilégiant les outils manuels et en optimisant l'organisation spatiale. Les chariots sont tirés à la main et le plan de l'exploitation en étoile est conçu pour éviter les déplacements inutiles, pour optimiser le temps de travail des maraîchers.

La Ferme du Perche compte 33 jardins et 330 planches. Les cultures changeant deux à trois fois par an, plus de 700 planches sont cultivées chaque année, toujours avec des espèces différentes. Selon les saisons, une cinquantaine de variétés de légumes biologiques sont produites : aubergine, betterave, blette, carotte, céleri, plusieurs variétés de choux, chou kale, concombre, courgette, épinard, gingembre, mesclun, oignon, radis, batavia, feuille de chêne, romaine, plusieurs variétés de tomates… Mais aussi des plantes aromatiques : ciboule, ciboulette, estragon, hysope, oseille, persil, coriandre, sarriette, thym… Auxquels s'ajoutent les fruits, pommes, poires et prunes, ainsi que des fleurs biologiques.

La présence de haies et de zones humides, ainsi que la plantation de milliers d'arbres contribuent à créer un écosystème équilibré et productif, notamment grâce aux plantes mellifères.

En six ans d'existence, la ferme a fait preuve de sa rentabilité sans soutien de subventions publiques, grâce à une gestion rigoureuse et une forte demande pour des produits de haute qualité.

Un modèle économique performant

Pour le résumer simplement, le modèle de la Ferme du Perche est économiquement rentable et écologiquement performant : il émet peu de CO_2, rend de nombreux services écologiques, produit davantage de légumes de qualité, crée plus d'emplois et est amorti… sans subvention.

Première performance, la Ferme du Perche émet beaucoup moins de CO_2 qu'une ferme conventionnelle. On l'a dit, elle ne recourt ni à la mécanisation lourde, ni à la consommation de gazole, ni à l'usage de moteurs. Le camion de livraison qui se rend chaque semaine à Paris roule au gaz.

La deuxième performance est d'ordre économique. 2024 est le sixième exercice depuis la création de l'entreprise et le deuxième exercice bénéficiaire, amortissements inclus – et, il faut le répéter, sans aucune aide publique.

Sur un hectare cultivé par cinq personnes, la Ferme du Perche génère un chiffre d'affaires de 290 000 euros et un bénéfice annuel de 50 000 euros.

La Ferme du Perche vend ses légumes par un marché de producteurs sur place, mais aussi dans deux marchés à proximité dans l'Orne, à Mortagne-au-Perche et à Bellême, et auprès de restaurateurs locaux. Elle fournit également de prestigieux restaurants parisiens, des chefs de la jeune génération qui ont en commun la volonté de proposer à leurs clients des légumes de la meilleure qualité tout en limitant au maximum leur empreinte carbone.

À titre de comparaison, une ferme en agriculture conventionnelle comptabilise dans le meilleur des cas 40 000 euros de chiffre d'affaires et utilise un emploi à temps plein.

La Ferme du Perche exploite un hectare de terre. Est-il pertinent de l'agrandir ? Probablement pas. Il serait plus avantageux de créer 100 fermes d'un hectare plutôt que de chercher à étendre une seule exploitation sur 100 hectares. En effet, aucune économie d'échelle ne serait obtenue sur une telle surface. Bien au contraire, le modèle repose sur une organisation spatiale optimisée, qui perdrait de son efficacité avec une plus grande échelle.

Enfin, la rentabilité de ce système de culture permet non seulement de garantir une production de qualité, mais aussi de rémunérer les maraîchers de manière décente. Bien que les salariés de la Ferme du Perche soient payés au SMIC, ils bénéficient d'une semaine de travail annualisée de 35 heures, sans dépassement. Ils sont logés et nourris. Durant l'hiver, la ferme entre en repos, offrant aux salariés deux mois de congé. Le travail reste toutefois exigeant et éprouvant. L'absence de mécanisation et les aléas climatiques rendent le quotidien parfois harassant. Mais c'est aussi un métier gratifiant. Les maraîchers soulignent le plaisir qu'ils ont à travailler en équipe dans un environnement inspirant tout en partageant la conviction d'accomplir un travail porteur de sens.

En exigeant un personnel qualifié et conséquent, le modèle de maraîchage bio-intensif participe pleinement à une véritable dynamique de territoire.

La Ferme du Perche en chiffres

1 ha cultivé
2 plein-temps et 4 saisonniers sur 9 mois
Rémunération au SMIC avec avantages en nature
1 saisonnier : 20 000 € environ
Gérant : 1 ETP supplémentaire (40-50 000 €)
2024 : 5e année d'exploitation

Ferme du Perche	2023	2024
Chiffre d'affaires (CA) HT	290 000	300 000
Masse salariale (hors gérant)	100 000	110 000
Charges fixes	90 000	90 000
Résultats avant amortissements et rémunération du gérant	100 000	100 000
Rémunération du gérant (tout chargé avec MSA)	50 000	50 000
EBITDA (résultat avant amortissements)	50 000	50 000
Amortissement des investissements	35000	35000
EBIT / résultat net	15000	15000

Des légumes plus chers ?

Le modèle de la Ferme du Perche est rentable, et la qualité exceptionnelle de ses légumes explique son succès. Cependant, comment convaincre les clients de payer un prix supérieur à celui des légumes issus de l'agriculture conventionnelle ? La Ferme du Perche commercialise en effet sa production à des prix environ 30 à 50 % plus élevés. Mais il ne s'agit pas tout à fait des mêmes produits. La différence réside dans la méthode de culture, le goût, et la valeur ajoutée environnementale et éthique qui les caractérisent.

Les coûts de production sont plus élevés car ils nécessitent plus de main-d'œuvre. Ils ne bénéficient pas de subvention, alors que l'agriculture conventionnelle peut recevoir des aides à l'hectare, des aides régionales, des aides à l'investissement, des crédits d'impôt… On sait que les aides à l'hectare (le « premier pilier ») constituent la plus grande part des subventions européennes, environ 7 milliards d'euros sur les 9 milliards que la PAC donne chaque année à l'agriculture française. La majeure partie des subventions est attribuée selon la taille des exploitations, ce qui évidemment favorise les grands céréaliers, les grands légumiers, la grande culture, plutôt que les surfaces agricoles biologiques, plus petites et coûteuses en main-d'œuvre.

Ce ne sont pas non plus les mêmes légumes : leur qualité nutritionnelle est incomparable et ils ne portent pas de traces de pesticides dont la dangerosité sanitaire est avérée, en particulier pour les agriculteurs.

Comment résoudre la question de ce surcoût ? Le différentiel ne saurait être porté par l'agriculteur dont le salaire est déjà au plus bas. Si l'État décidait de subventionner les produits agricoles biologiques, il pourrait le faire en rémunérant les agriculteurs ou en donnant des bons d'achat aux citoyens qui ont les revenus les plus faibles.

Dominique Méda déclarait récemment : « Peut-être qu'il faut qu'on accepte d'être moins productifs, qu'on change les critères d'évaluation de nos performances. Que l'objectif ne soit plus de produire le plus de biens et de services standardisés mais qu'il soit de relocaliser la production de fruits et légumes sains, avec une main-d'œuvre bien traitée. Ça fait plus de vingt ans que je travaille avec l'économiste Jean Gadrey. Il explique bien que dans la comptabilité nationale, on accorde la même considération à une tomate sans aucun goût cultivée au fin fond du Maroc par une main-d'œuvre peu payée et une tomate goûteuse cultivée dans de bonnes conditions en France. Alors qu'on ne parle pas du même produit ! Il faut sans doute qu'on change nos attentes : quels produits veut-on consommer, de quelle qualité ? Il faut en effet qu'on conjugue sobriété, moindre consommation et consommation de meilleurs produits[1]. »

---

1. Voir www.lemonde.fr/chaleur-humaine/article/2024/07/23/dominique-meda-sociologue-pour-reussir-la-transition-climatique-il-faut-engager-des-maintenant-la-formation-et-la-reconversion-des-emplois_6256009_6125299.html.

Défis et opportunités du maraîchage bio-intensif

Le modèle de la Ferme du Perche peut-il être dupliqué ? La réponse est évidemment oui, à condition de l'adapter aux spécificités et aux conditions locales de chaque région.

À l'heure où l'agriculture conventionnelle est pointée du doigt pour ses émissions de CO_2, les fermes de maraîchage bio-intensif ont le vent en poupe. Cette alternative agricole est désormais largement adoptée aux États-Unis et au Canada. Elle commence à être diffusée dans le monde entier par des maraîchers qui se sont approprié le modèle et assurent des formations pour transmettre leur savoir-faire.

Si la clé de la réussite repose sur une planification rigoureuse et une gestion participative, il est essentiel de garder à l'esprit qu'une connaissance approfondie des marchés et des circuits de distribution est indispensable. Les aspects commerciaux et économiques doivent être au centre des préoccupations. Trop souvent, les maraîchers se heurtent à des écueils fatals : se focaliser exclusivement sur la production, manquer de capitaux pour les investissements, ou sous-estimer l'importance de la maîtrise du marché et des compétences commerciales. Avant de créer une ferme, il est crucial de se former non seulement aux techniques de production, mais aussi de bien comprendre son marché et d'identifier ses futurs clients. Autrement dit, produire ne suffit pas à garantir le succès d'un modèle. À la Ferme du Perche, la recherche active de clients a été primordiale, avec des ventes sur les marchés locaux, à la ferme, des livraisons groupées pour des restaurants. De nombreuses stratégies de distribution ont été étudiées.

Pour réussir dans le maraîchage bio-intensif, il est crucial de se poser de nombreuses questions en amont, d'établir une planification minutieuse et de faire des choix de plantations auxquels on s'engage à rester fidèle. Quelles cultures planter maintenant ? Quelles récoltes prévoir dans trois mois ? Comment organiser la rotation des cultures en fonction des besoins de la clientèle ? Une rigueur quotidienne s'impose également : définir précisément les moments de récolte, de semis et de rangement des outils. De plus, comme pour toute activité liée au vivant, il faut composer avec les aléas de l'agriculture, tels que les caprices du climat, la pluie, le soleil…

Il est donc essentiel de former les nouveaux maraîchers aux techniques modernes du bio-intensif et de diffuser largement ces savoirs. La Ferme du Perche s'engage dans cette voie en proposant, depuis 2024, des formations intensives de courte durée dispensées directement sur place.

Le succès de ce type de ferme esquisse une voie vers une agriculture plus saine et plus responsable, à l'heure où le secteur agricole reste un des tout premiers émetteurs de gaz à effet de serre, avec 20 à 25 % des émissions de la planète.

L'empreinte écologique du maraîchage bio-intensif

Sur une surface de 1 hectare, les économies de CO_2 réalisées par une ferme maraîchère en bio-intensif sont estimées à 1 à 2 tonnes, c'est-à-dire deux fois moins d'émissions de CO_2 que par une ferme maraîchère conventionnelle sur la même surface. En simplifiant, on peut dire que 2 tonnes de CO_2 sont économisées, tout en produisant environ trois fois plus de légumes. Cela revient à une réduction nette de 6 tonnes de CO_2 par hectare. Si l'ensemble des millions d'hectares consacrés au maraîchage conventionnel étaient convertis en bio-intensif, leurs émissions de CO_2 seraient réduites de moitié. Un pas de géant. Mais encore insuffisant.

Comme on l'a vu dans la première partie de ce livre, des puits de carbone supplémentaires significatifs pourraient alors être utilisés pour absorber les 50 % restants. On pourra toujours objecter que cette approche nécessite du temps. Certes, mais il ne faut pas oublier que la transition technologique et culturelle permettant de passer d'une agriculture maraîchère conventionnelle à une agriculture bio-intensive ne sera également que très progressive. De nombreuses barrières devront être levées. Parmi elles, la maîtrise des techniques du bio-intensif et l'abolition des résistances culturelles des agriculteurs conventionnels à l'agriculture biologique ne seront pas des moindres.

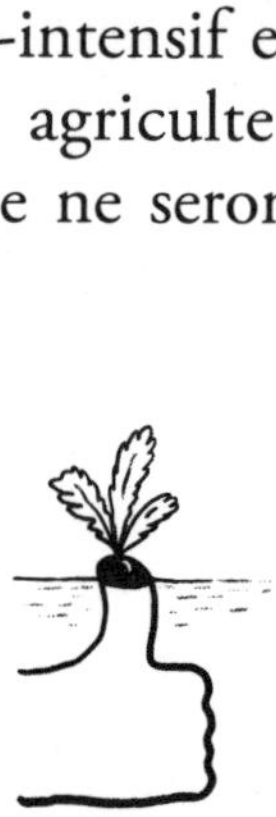

Conclusion

S'il fallait retenir une idée de ce livre, c'est que la transition écologique n'est pas nécessairement incompatible avec le maintien de notre niveau de développement.

Mais soyons lucides, deux réalités s'imposent.

En premier lieu, le rythme théorique de baisse des émissions de gaz à effet de serre suggéré par le GIEC pour éviter les conséquences irréversibles d'un réchauffement climatique au-delà de 2 °C avant la fin du siècle ne paraît pas réaliste. Les COP censées scander la stratégie climatique mondiale en témoignent. Leurs résultats sont décevants, les financements promis sont tardivement débloqués, mal orientés et insuffisants. Le rythme actuel de mise en œuvre des plans d'action est clairement en décalage avec l'urgence climatique. Selon un rapport de 2023, les engagements actuels devraient entraîner une augmentation des émissions de 10,6 % d'ici 2030 par rapport à 2010, ce qui mettrait le monde sur une trajectoire de réchauffement de 2,5 °C d'ici la fin du siècle. L'insuffisance et la lenteur des progrès réalisés commandent de trouver une solution qui permettrait « d'acheter » le temps de la transition qui fait cruellement défaut.

Par ailleurs, le long chemin de renoncements qu'appellent de leurs vœux les écologistes radicaux et les chantres de la décroissance a peu de chance de susciter l'adhésion populaire puisqu'une grande majorité des citoyens du monde n'y adhèrent pas. Les populations des pays les plus développés rechignent à adopter de nouveaux modes de vie. Celles des économies émergentes aspirent à un développement légitime mais inéluctablement lié à un accroissement de la consommation énergétique qui reste aujourd'hui fortement émettrice de gaz à effet de serre.

Au-delà des idéologies des uns et des affabulations des autres, nous pensons qu'il est possible de réussir la transition écologique à condition d'adopter une approche réaliste. En l'espèce, le réalisme commande de reconnaître que la transformation des sociétés exige une gestion du temps compatible avec l'urgence écologique. Du temps pour préparer les esprits et du temps pour décarboner nos modes de vie. Si on ne permet pas aux technologies de parvenir à maturité pour stocker l'excès de carbone ou encore produire des énergies non fossiles, nous échouerons. Dans ce contexte, la seule solution pour gagner du temps, c'est d'absorber du carbone. Et la solution la plus immédiate pour absorber du carbone, c'est de planter massivement des arbres.

Dans ce livre, nous avons formulé des hypothèses de plantation d'arbres et d'absorption de CO_2, considérant par exemple que le rythme de déforestation et de destruction prématurée des forêts par les incendies était stable. Naturellement, les estimations proposées pourront toujours être adaptées à la réalité, mais c'est le principe d'une forestation urgente et massive qu'il faut retenir.

Pour réussir la transition écologique tout en respectant l'objectif final, il est essentiel de capturer désormais massivement du carbone. C'est à ce prix que nous pourrons réduire la pression utopique d'une baisse immédiate des émissions de CO_2 et nous offrir la possibilité de sécuriser la diminution de nos émissions de manière plus réaliste car plus progressive.

A-t-on d'autres choix à ce jour ?

Table

Seconde partie

DEUX EXEMPLES POUR CONVAINCRE

Remerciements

Nous adressons nos plus sincères remerciements à Muriel de Rengervé pour sa précieuse contribution, sa relecture attentive et ses conseils éclairés.

Nous tenons également à exprimer toute notre gratitude à Jean-François Clervoy, Sophie Coignard, Antoine Mugnier et Gérard Feldzer dont la collaboration, les conseils avisés et les contributions essentielles ont considérablement enrichi cet ouvrage.

Cet ouvrage a été composé
par Atlant'Communication
au Bernard (Vendée)

Impression réalisée par

NORMANDIE ROTO IMPRESSION S.A.S.
à Lonrai (Orne)

en janvier 2025
pour le compte des Éditions de l'Archipel
département éditorial de la S.A.S. Écriture-Communication

Pour plus d'information :
www.lisez.com
Imprimé sur du papier issu de forêts gérées durablement.

Imprimé en France
N° d'impression : 2500105
Rang de tirage : 01
Dépôt légal : février 2025